森林・林業はよみがえるか

「緑のオーナー制度」裁判
から見える もの

野口俊邦

新日本出版社

目次

はじめに

一九六〇年代以降の森林・林業・山村は、一貫した外材依存政策のもとで、木材価格の長期低迷と採算性の悪化に悩まされてきた。造林・保育（下草刈、除伐や間伐）・主伐などの森林施業の放棄、林業労働者の高齢化、国産材生産の減少と木材自給率の著減、さらには山村の過疎化などが進行し、森林・林業・山村が解体（産業として、あるいは地域経済として再生が困難）の危機に追い込まれてきた。国有林経営も例外ではなく、というよりむしろ深刻で、戦後開始された「企業会計制度＝独立採算制」に基づく国有林野事業は、二〇一二年度には完全に破綻《はたん》に追い込まれた。

このように、森林・林業・山村問題は、当事者の心血を注ぐ努力にもかかわらず、マイナーな存在となり、国民的関心も薄れてきた感は否めない。ところが、二一世紀、とくに二〇一〇年代に入ると、旧来とは異なる「新しい風」が吹き、あるいは国民からの「期待」ともとれる動きがみられるようになっている。

たとえば、①二〇〇九年一二月には、政府により「森林・林業再生プラン」が策定され、一〇年後に「木材自給率五〇パーセント以上」が掲げられた、②二〇一〇年の京都府を皮切りに、現在一六都府県に「林業女子会」が設立され、若い女性の林業への参入が注目された、③二〇一三年には、藻谷浩介・NHK広島取材班著『里山資本主義』が出版されベストセラーになった、④二〇一四年には、映画「WOOD JOB！——神去なあなあ日常」（原作は直木賞作家・三浦しをん）が公開され、若者が「林業の魅力に引き込まれていく」姿が描かれている、などである。

また、二〇一一年三月一一日に起こった未曾有《みぞう》の地震・津波・福島第一原発事故以降、上記の視点とはまったく異なるものの、二つの面から森林・林業（むしろ木材）の役割が注目されるようになっている。一つは森林の持つ防災機能であり、もう一つは脱原発・再生可能エネルギーへの転換の緊急性とその一つとしての木質バイオマスエネルギーへの期待である。森林の防災機能については、戦前から保安林制度が設けられ、海岸部では海岸防災林と総称される潮害防備保安林、飛砂防備保安林、防風保安林などが、農地や居住地の保全に重要な役割を果たしてきた。「東日本大震災」では、防潮堤や海岸防災林の機能をはるかに上回る災害を被ったのではあるが、その中でも、海岸防災林により、津波エネルギーの減退、漂流物の捕捉、津波到達時間の遅延など、一定の津波被害の減退効果が発揮されたことも確認されている（平成二四年度『森林・林業白書』）。

一方、木質バイオマスエネルギーへの注目も高まっている。震災がきっかけで起こった福島第一原発による過酷事故は、五年を経過した今日でも被害の全貌の把握が困難な状況下にあり廃炉までにかかる時間は三〇年ともいわれている。ところが日本各地の原発の事故防止について、的確な対策も講じられないまま、全国の原発はいったん全面的に稼働停止になったものの再稼働が強行されている。原発からの即時撤退と再生可能エネルギーへの早急な転換を求める国民の要求が強まる中で、一つの有力な自然資源として期待が強まり、また大きな可能性を秘めているのが、木質バイオマスエネルギーである。具体的には、薪《まき》あるいはペレット（おが粉やかんな屑など製材副産物を圧縮成型した小粒の固形燃料）暖房であり、バイオマス発電である。木質バイオマスは、未利用間伐材（林地残材）約二〇〇〇万立方メートル、製材工場残材八五〇万立方メートル、建設発生木材一〇〇〇万立方メートルなどからなる。未利用間伐材は、文字通りほとんどが林内に残され、未利用のままになっており、それが有効利用されるだけでなく、目下最大の林業問題である間伐の促進にもつながるものである。

本書では、こうした近年の新しい動き（前記①、②、③及び④）とその背景についても、後に概観しておきたい。ただ、筆者として十数年ぶりの単著である本書を公刊しようとした主な動機は、こうした新しい動向を総括することにあるのではない。国有林を舞台にして一九八四年度から一九九九年度にわたって繰り広げられた「緑のオーナー制度」（国と市民が分収育林契約を締結したものの多くが元本割れの損害を受けた）の被害者が、国を相手取って住民訴訟を引き起こしたことの意味や問題点を国民のまえに明らかにし、国有林研究に永年携わってきたものとしての社会的責務を果たしたい、という思いからだ。

いわば、国家的詐欺事件の概要と本質究明である。本書の題名を『森林・林業はよみがえるか――「緑のオーナー制度」裁判から見えるもの』としたのも、そのためである。そこで、本書、とくに「緑のオーナー制度」を執筆することになった経緯を最初に述べさせていただきたい。

私は、一九七八年、信州大学農学部に職を得て、初めて本当の意味で自由な研究や学会報告が可能となった。それまでは、大学院を出て約一〇年間、林野庁所管の財団法人林業経済研究所の研究員として調査・研究に従事していた。研究所自身は自由な雰囲気を創設以来もっていたものの、研究所の主要収入は林野庁からの委託調査や出版物の買い上げに依存していたため、国有林研究などできない状況にあった。国有林研究の論文は当然読んでいたが、もしこの問題に首をつっこめば、国有林野行政の根本的批判とならざるをえず、そうなれば、自分の生活のみならず、研究所の存立も危うくなる危険性が大だったからである。

信州大学勤務を始めた一九七八年とは、国有林野事業の財政危機が不可逆的状況に至った年だった。この年に、国有林野事業改善特別措置法の制定と「改善計画」が策定され、「収支均衡」が最高目標とされたにもかかわらず、累積債務の増大（まさに「サラ金財政」）、「収支均衡」のための国有林野の切り売り、人員の大幅削減、山荒しや国有林野内でのリゾート開発など、あらゆる手段が講じられていく時期である。国有林野研究者が非常に少ない中、私は、この問題に「国民の立場」から取り組むことが大学人の使命だと感じた。以降、私なりに国有林野研究を重要な課題だと位置づけ、この問題での論文や著作を数多く書いてきた。

二〇〇七年三月に大学を定年退職したが、その後は、ひょんな契機で市民運動や自治体選挙の候補者として活動し、「本務」の国有林野問題をはじめとする林業経済研究からは遠ざかっていた。ところが定年後まもなく、大阪の弁護士の方々から、大幅な出資金割れとなって出資者に大きな損害を与えた国有林の「緑のオーナー制度」（国有林を対象とした分収育林制度）で住民訴訟を起こしたいが、このことで専門家として協力してもらえないか、との申し出をいただいた。

快諾し、弁護団と一定の連絡は取り合ったものの、直ちにこの問題に深く関わったわけではない。しかし弁護団の精力的な勉強と準備によって、二〇〇九年大阪地裁での裁判が開始され、二〇一四年地裁判決、二〇一五年一月大阪高裁への控訴、二〇一六年二月二九日高裁判決となり、今日に至っている。高裁には私の「意見書」を提出したいとの弁護団からの依頼があり、久しく本格的国有林研究から離れていたので弁護団の期待に応える「意見書」を書けるかどうか自信はなかったが、これも受諾することになった。「通常の『意見書』とは異なってもよいから、思いの丈の論文を書いてよい」、ということで、約二ヵ月間の悪戦苦闘の結果、四〇〇字詰め原稿用紙で約一五〇〇枚近くの「意見書」を提出した次第である。

この裁判に限らず、権力を相手取った裁判では、「正義は勝つといいますが、力のない正義は実現できない。力を持った正義が勝つ」（馬奈木昭雄『たたかい続けるということ』、聞き書き　阪口由美、西日本新聞社、二〇一二年）といわれている。そこで、今回の裁判で勝利するには、まだ多くの国民がこの裁判の存在すら承知しない中で真実を知らせ、国民的理解と支援を得なければならない。遅ればせながら、本書がそのためにいささかでも役立てばとの思いで刊行するものである。

以上のことから、本書では、第一に、二〇〇〇年代以降の森林・林業・山村の動向を概観し、とくに近年の新しい動きの背景や意味を整理すること、第二に、国有林の「緑のオーナー制度」の元になった、「分収育林制度」の内容・問題点を総括しつつ、「緑のオーナー制度」創出の本質と破綻の必然性を明らかにすること、第三に、「緑のオーナー制度」に関する裁判の経緯や争点を先述の高裁への「意見書」をもとに紹介し、原告側の道理ある主張、逆に言えば、被告側の理不尽な主張を国民に訴え広く理解を求めていきたい。

第1章　二一世紀の森林・林業・山村をめぐる新動向

「はじめに」で指摘したように、二〇一〇年代に入って、今まではほとんどみられなかったような新たな動きが現れている。この点をもう少し詳しく触れておこう。

1 「森林・林業再生プラン」の登場

二〇〇九年の総選挙での大勝によって成立した民主党政権は、その森林・林業政策として「森林・林業再生プラン」（二〇〇九年一二月、以下「再生プラン」と略称）を公表した。「再生プラン」の基本的な考え方は、①路網整備の遅れや、材価低迷などにより森林の適正な管理に支障をきたす恐れがあること、②そのなかで、資材をコンクリートなどから木材に転換することにより低炭素社会づくりを推進する、③今後一〇年間を目途に路網の整備、森林施業の集約化（零細かつ分散している個人有林等をひとまとめにして施業を行い、効率化・低コスト化をはかること）、人材育成を軸として、木材の安定供給体制を構築すること、である。そして、注目すべきは、一〇年後（二〇二〇年）に木材自給率を五〇パーセントに引き上げるとしたことである。

政府は、二〇〇一年制定の「森林・林業基本法」に基づき、森林・林業に関する施策の基本方向を明らかにするため、「森林・林業基本計画」を作成し、おおむね五年ごとに見直すことになっている。直近では二〇一一年七月に、「再生プラン」策定後としては最初の改定がなされている。この計画における「木材供給量の目標と総需要量の見通し」によれば、二〇〇九年の総需要量と木材（国産材）供給量は六五〇〇万立方メートルと一八〇〇万立方メートル、自給率は二八パーセントであるが、これを二〇一五年には、それぞれ七二〇〇万立方メートル、二八〇〇万立方メートル、三九パーセントに、目標年の二〇二〇年には、七八〇〇万立方メートル、三九〇〇万立方メートル、五〇パーセントに引き上げようというのである。これが現実化するのであれば、森林・林業関連の人々にとってはもちろんのこと、「木の文化」に慣れ親しんできた国民にとっても、きわめて歓迎すべきことである。果たしてどうであろうか、検討してみよう。

わが国の高度経済成長が始まる一九五五年から今日（二〇一四年）までの国産材・外材別の木材供給量と自給率の推移を、最新の平成二七年度『森林・林業白書』で概観すれば、図1―1のようになっている。ただし、この年度から旧来とは異なる木材自給率表示になっていることに留意をいただきたい。これまでは「用材自給率」で表示されてきた。「用材」とは「製材用、パルプ・チップ用、合板用、その他用」とされ、薪炭材やしいたけ原木は除かれていた。ところが二〇一五（平成二七）年度から、「燃料材」が加えられ、「総合的」な「木材自給率」表示に改訂されている。その意図は定かではないが、たとえば、最新の二〇一四年の自給率は、用材自給率だと二九・六パーセントであるのに対し、新木材自給率表示では三一・二パーセントとなるだけではなく、一九五五年以降、これまでの自給率はすべての年度において新表示の方が用材自給率より、およそ一パーセント近く高くなっていることを指摘しておきたい。

さて、この間の木材需給の動向に関しては、前年の平成二六年度『森林・林業白書』が、今日までを三期に時期区分をしながら一定の総括をしており、参考となるので、これに沿ってふり返ってみよう。一九六〇年時点の木材（しいたけ原木と薪炭材を除く用材）総需要量（供給量も同じ）は五六〇〇万立方メートル、うち国産材は四

図 1-1　木材自給率の推移

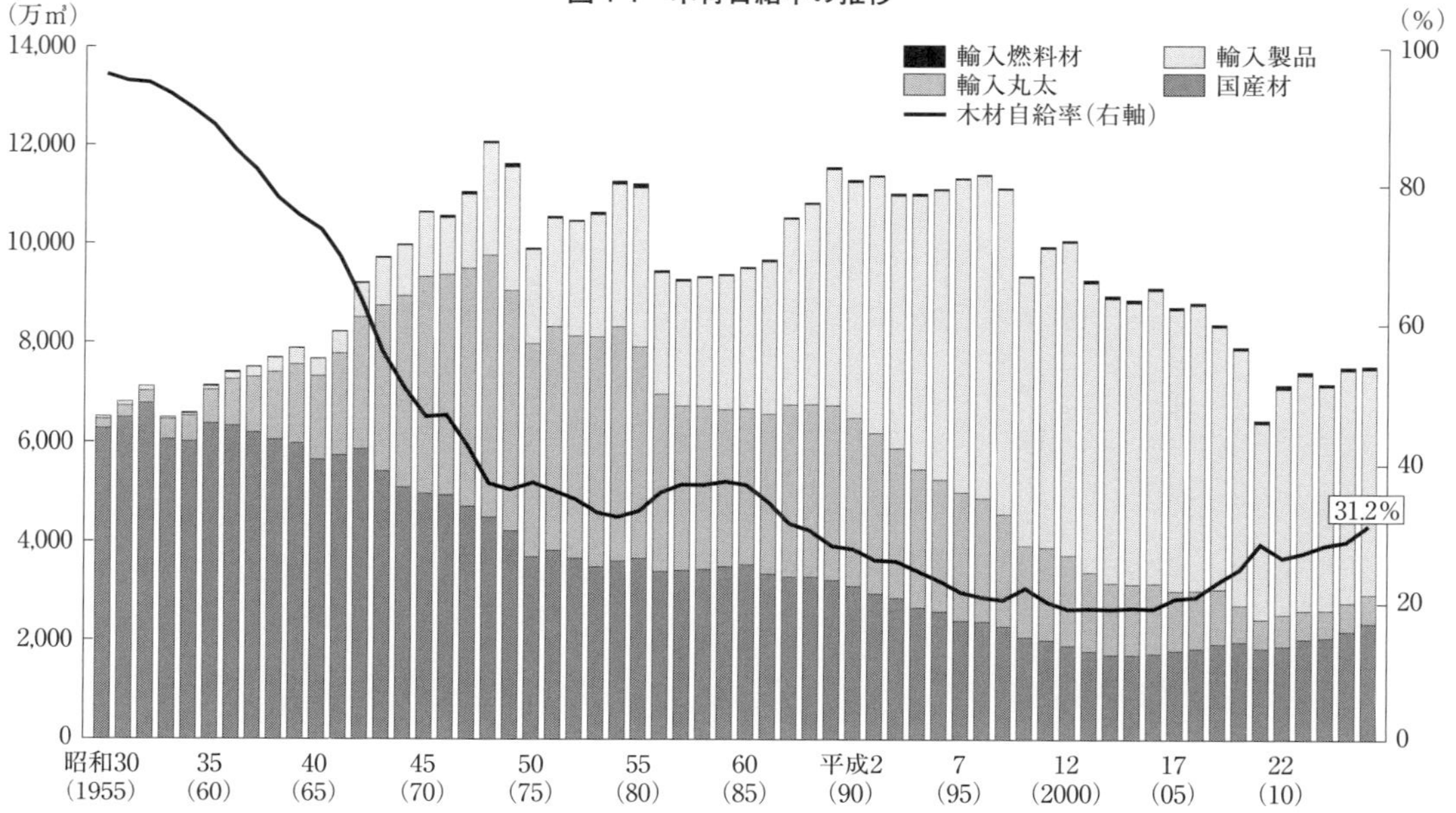

資料：林野庁「木材需給表」
出所：平成 27 年度『森林・林業白書』

九〇〇万立方メートルで、用材自給率八七パーセントであったものが、高度成長経済のなかで総需要量はひたすら伸び、一九七三年度のピーク時には一億二〇〇〇万立方メートルに達した。ところが、国産材供給量は逆に減少し、一九六九年以降は、外材が五割以上の「外材体制」に突入していった（同『白書』では戦後～一九七三年頃を「需要拡大期」と呼んでいる）。

次の一九七三年頃～一九九六年頃は、いわゆる「低成長期」であり、白書では「需要停滞期」と呼んでいるが、総需要量はおおむね一億立方メートル前後で推移するものの、国産材供給量はこの期間も減少し続けていった。ちなみに、九五年の用材自給率はわずかに二一パーセントとなった。

問題はこれに続く一九九六年頃～今日の「需要減少期」（白書）である。一九九六年時点で一億一〇〇〇万立方メートルあった需要量はその後減り続け、二〇〇〇年には約一億立方メートル、用材自給率は最低の一八パーセントまで低下した。需要量はその後さらに減少し、二〇〇九年は最低の六三〇〇万立方メートルで（リーマン・ショックの影響が大である）、一九六三年以来四六年ぶりに七〇〇〇万立方メートルを下回った。

ただ、国産材の供給量と自給率に関しては、従来とは異なる動きがわずかではあるが見られるようになっている。図1―1でもわかるように、国産材供給量は二〇〇二年に最低の一六〇〇万立方メートルまで落ち込んだものの、以降は微増を続け二〇一四年には二一〇〇万立方メートルまで回復し、同年には木材自給率（新表示）も三一パーセントにまで高まっている。

白書がいう「需要減少期」にもかかわらず、国産材供給量の増大と自給率の向上がもたらされているのは、旧来の林業生産・流通・需要構造に何らかの改善があったとみるのか、そうではなく一過性のものだとみるのかによって、「自給率五〇パーセント」が達成可能か否かの答えがまったく異なってくる。この問題を解くために、林業の生産基地である「山元」（「川上」とも称される）森林所有者の林業活動の状況把握から始めよう。

最初に見ておきたいのは木材価格（山元立木価格）の推移である（図1―2参照）。一九七〇年代以降も木材価格は大きく変動しながら推移していること、スギ・ヒノキ・マツの間で価格差が大きいことが読み取れるが、ここで注目いただきたいのは、日本の代表的な建築材であるスギの山元立木価格（森林所有者の手取り価格）である。

価格（立方メートル当たり）のピークは、一九八〇年の二万二七〇七円であるが、その後も長期低落傾向にあり、二〇一五年には二八三三円と、九割近くも低下している。この間、人件費、苗木代等の費用は上昇しているのであるから、育林経営（植栽からおよそ五〇年後の伐採収入までの管理経営）の採算性はとっくに破綻《はたん》（赤字化）しているはずである。そのことを「林業の利回り」で確認しておこう。

林業利回りとは、たとえばスギについていえば、植林したあと二〇年間はまったく収入がなくても下草刈り、除伐・間伐などの管理費用がかかり、主伐収入が入るのは五〇年後になる。これを銀行に五〇年間定期預金したことになぞらえれば、最初の造林・育林投資額に対して五〇年後の収入はいくらの利子に相当するか、というもので、図1―3のように「造林投資の利回り相当率」とも表現される。この図から一目瞭然なのは、ヒノキに比べ価格が安いスギの場合、国と自治体による合計約三分の二の費用補助がない時には、すでに一九九六（平成八年）年以降マイナスになっており、二〇〇〇（平成一二）年にはマイナス一・七パーセントまで低下している。端的にいえば、造林投資は五〇年頑張っても赤字になるということが示されている。林業利回りは二〇〇〇年以降、林野庁から公表されていないが、その後の価格の推移（前掲図1

図 1-2　全国平均山元立木価格の推移

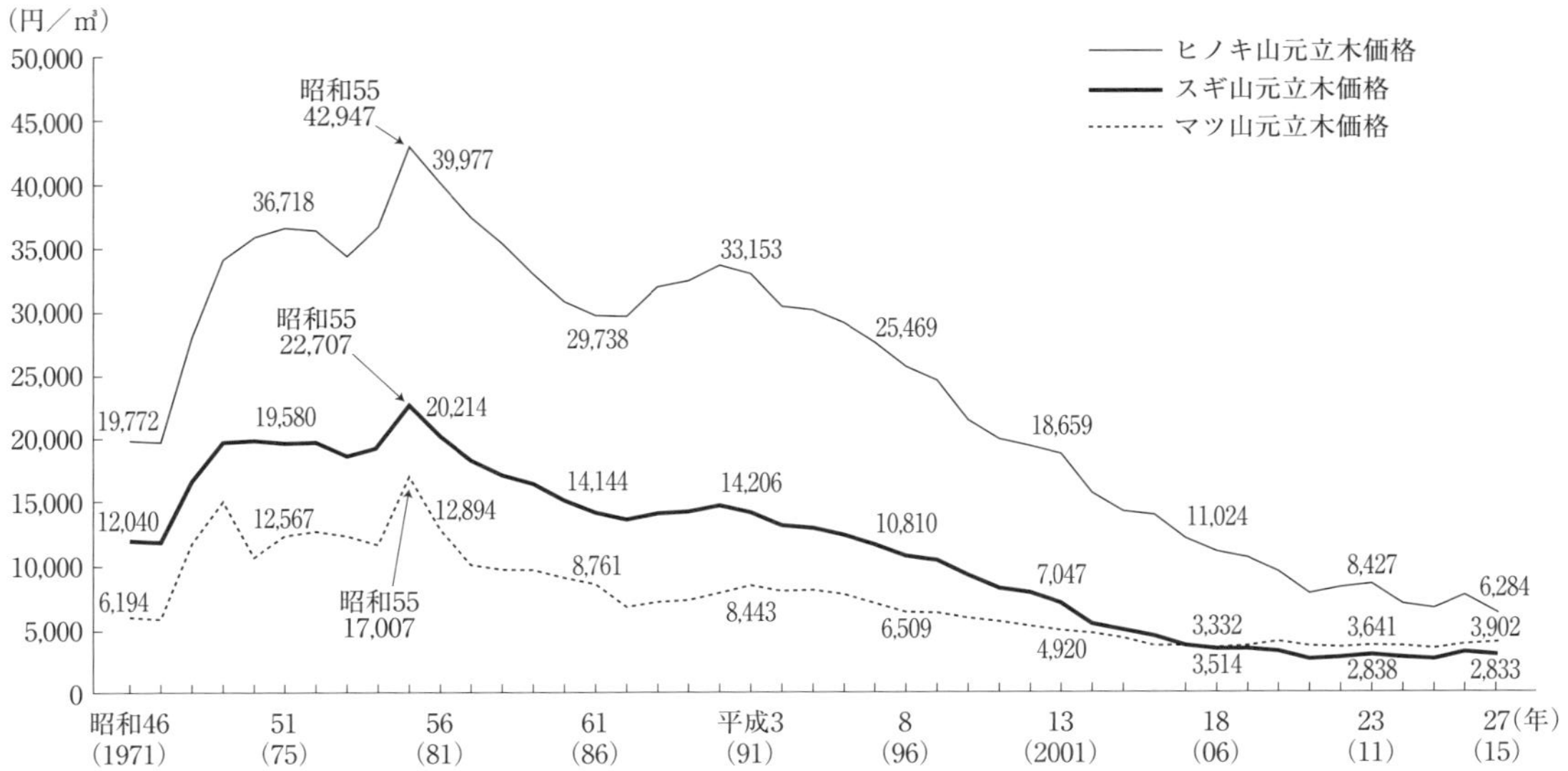

注：マツ山元立木価格は、北海道のマツ（トドマツ、エゾマツ、カラマツ）の価格である。
資料：一般財団法人日本不動産研究所「山林素地及び山元立木価格調」
出所：平成 27 年度『森林・林業白書』

図 1-3　造林投資の利回り相当率の推移

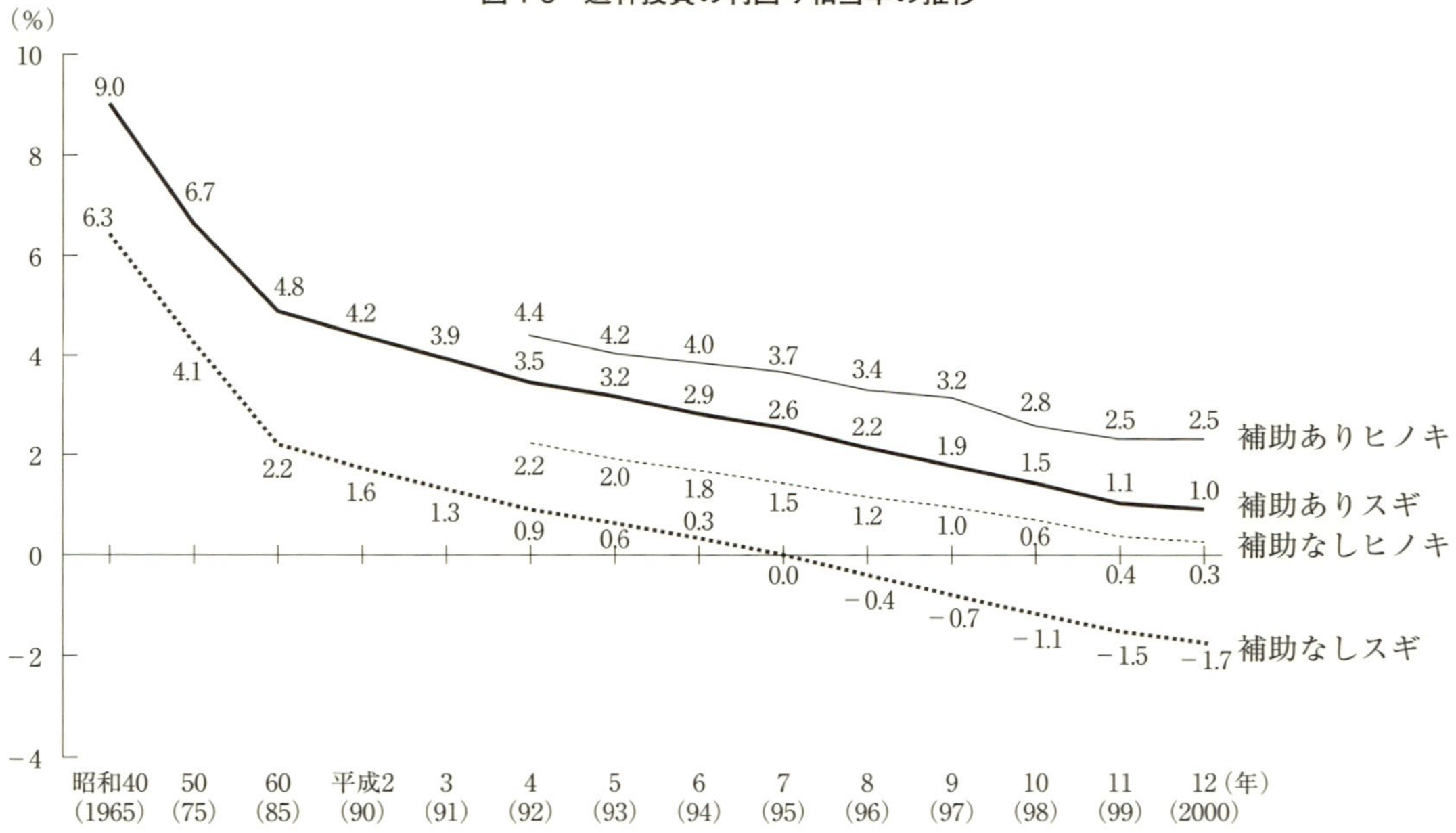

資料：林野庁業務資料
出所：平成 13 年度『森林・林業白書』

—2参照）をみれば、赤字状態の一層の深化は間違いなく、これでは管理官庁としてはとても公表できたものではない。

しかもここで取り上げられているスギの立木は、約五〇年生の主伐木であって、現在伐採されている材のほとんどが間伐材（主伐＝皆伐材が出回らないのは、皆伐をすればその跡地に植林をしなければならないが、赤字経営下では再造林などできず、より低価格の間伐材の伐採が主流となっている）であるから、赤字状況はもっと深刻である。二〇一四（平成二六）年度「白書」によれば、二〇〇八（平成二〇）年度のスギ人工林五〇年生の造林・保育にかかる経費は、一ヘクタール当たり二三一万円であるのに対し、その収入はわずかに一三一万円と経費の六割弱にしかならない。

以上で、森林所有者サイドからは立木生産量増大の要因は見当たらないということは了解いただけたであろう。それでは、最近の国産材供給量の増大や、自給率の向上の要因はなんであろうか。それは、木材の総需要量が日本経済全般の不況（とはいえ、大企業は好景気で内部留保を拡大しているが）の中で減少している状況（まさに「需要減少期」）にあって、木材需要の主体を占める外材が、たとえば①原木（丸太）輸入の首座であるロシア材が、二〇〇七年から二〇〇八年にかけて輸出関税を大幅に引き上げたことによる輸入量の激減、②輸入量の約九割が今では丸太ではなく製品（製材品、パルプ・チップ、合板材など）であるが、その中で製材品輸入の主要国であるカナダからの輸入量が大きく減少、③製品輸入の約半数はパルプ・チップであるが、大きな位置を占めるオーストラリアや南アフリカからの輸入量が三〜五割も減少するなどによって、外材が二〇〇〇年の八一〇〇万立方メートルから二〇一三年の五三〇〇万立方メートルに三五パーセントも激減するという総枠のなかで、国産材が同期間に一八〇〇万立方メートルから二一〇〇万立方メートルに三〇〇万立方メートル増加しても、結果的に自給率向上ということになるわけである。

そうだとしても、国産材の増大や結果的とはいえ自給率の向上は歓迎すべきことであり、この方向が定着するような政策が講じられなければ、二〇二〇年目標の「国産材三九〇〇万立方メートル、自給率五〇パーセント」は到底達成不可能であろう。

2 『WOOD JOB!』の世界と若手林業労働者、「林業女子会」

『WOOD JOB!――神去《かむさり》なあなあ日常』という映画が二〇一四年に公開され、大ヒットしたそうである。「そうである」というのは、私は、そのことを少しは知っていたものの、正直なところ、その頃映画を見なかったし、原作に至っては全く知らなかった。本書を執筆するにあたり、まずビデオ屋でDVDを借りて早速見たところ、これがとても面白く、一週間の拝借期間に五回ほど見、もったいないので女房にも二回、たまたま帰省中の娘にも見せた。いずれも大好評であった。それではということで、市立図書館に出向き、原作『神去なあなあ日常』(二〇〇九年、徳間書店)を借りて一気に読んだ。映画は原作と少し異なるところがあったが、原作者が三浦しをんという女流作家で、直木賞受賞者ということもこの時初めて知った。大変恥ずかしい思いがしたものである。

さて、この映画（原作）を承知の方も多かろうが、念のために「あらすじ」を紹介しておこう。高校卒業時に進路を決めていなかった神奈川県（都会）の若者（映画では染谷将太）が、ひょんなことから、どんな仕事をするのかもわからないまま、三重県の神去村へとやってくる。そこは、見渡すかぎり山また山で、携帯の電波は通じない、コンビニはない、ヒルやダニ、マムシがうじゃうじゃいて、すぐにでも飛び出したいところであった。しかし、ベテラン林業労働者（伊藤英明）の厳しい指導や、村の美人小学校教師（長澤まさみ）との出会いの中で、すっかり林業（と教師）の魅力に取りつかれていく、という青春映画である。この映画のキャッチコピーは「少年よ、大木を抱け」だそうで、うまいことを考えるものだと感心した次第である。

映画や原作の背景には、「緑の雇用」という若年林業労働者確保策があるので、この事業の概要を述べておこう。森林・林業が存立の危機に陥った大きな要因は、林業の採算が取れなくなったことにあることは前述の通りで、そのことによって林業への従事者が減少するとともに、高齢化も顕著になってきた。「林業従事者」とは、国勢調査における概念で、「林木、苗木、種子の育成、伐採、搬出、処分等の仕事及び製炭や製薪の仕事に従事する者で、調査年の九月二四日から三〇日までの一週間に収入になる仕事を少しでもした者等」という、非常に幅広いものである。林業従事者数の推移は図1―4のように一九八〇年以降二〇〇〇年までは、従事者数の激減（二〇〇〇年の一九八〇年比は四六で半減超）と高齢化率の上昇（同年に八パーセントから三〇パーセントに）が一方的に進んできた。しかし二〇〇〇年以降、従事者数の減少スピードが鈍るとともに、高齢化については逆転現象が見られ、二〇〇〇年の高齢化率三〇パーセントをピークにして、二〇一〇年には二一パーセントに下がっている。他方、「若年者率」（三五歳未満の割合）は、同期間に一〇パーセントから一八パーセントに上昇している。こうした現象と「緑の雇用」とは大きく関わっている。

「緑の雇用」事業が実施されたのは二〇〇三年度からで、この事業の狙いは若年林業労働者（「林業従事者」のうち、森林組合や民間の林業関連会社に雇用される労働者）の確保・育成をはかることにある。具体的には、新規採用者への研修機会の提供、安全装備の支給、採用した事業体に研修期間の賃金や指導員に対する費用の一部負担などの国の助成制度があり、今日まで三期にわたる対策が講じられてきている。「緑の雇用」事業とは全期を通じた事業の通称で、正式には第一期「緑の雇用担い手育成対策事業」（二〇〇三～二〇〇五年度）、第二期「緑の雇用担い手対策事業」（二〇〇六～

二〇一〇年度)、第三期「『緑の雇用』現場技能者育成対策事業」(二〇一一年度〜)と、名称とともに内容も変化してきている。

第一期対策は、国の失業対策(「緊急地域雇用創出特別交付金事業」)で補助対象となった者を「緑の雇用」によって林業に採用し、一年間で林業の基本技術(造林・保育・伐採・搬出・安全管理など)を講義や実地研修を通して学んでもらうというものである。第二期対策は失対事業との関わりではなく、「地球温暖化防止」のための森林整備(当時、二酸化炭素削減の国際公約六パーセントのうち、森林による吸収が三・八パーセントという大きな数値を計上していた)を担う人材育成という目的に変わり、一年目の基本研修に加えて、二年目「技術高度化研修」、三年目「森林施業効率化研修」と拡充された。

第三期対策は、民主党政権下で二〇〇九年に策定された「森林・林業再生プラン」にそって、森林施業プランナー(森林組合や林業事業体の職員などで、経営計画の作成などの資格を持った専門家)が作成した森林経営計画に基づき、森林管理を担う人材を育成することが目的とされた。具体的には、就業後一〜三年目の初期教育(「林業作業士」)、就業後五年目程度の者を対象とした「現場管理責任者」研修、一〇年目程

図 1-4　林業従事者数の推移

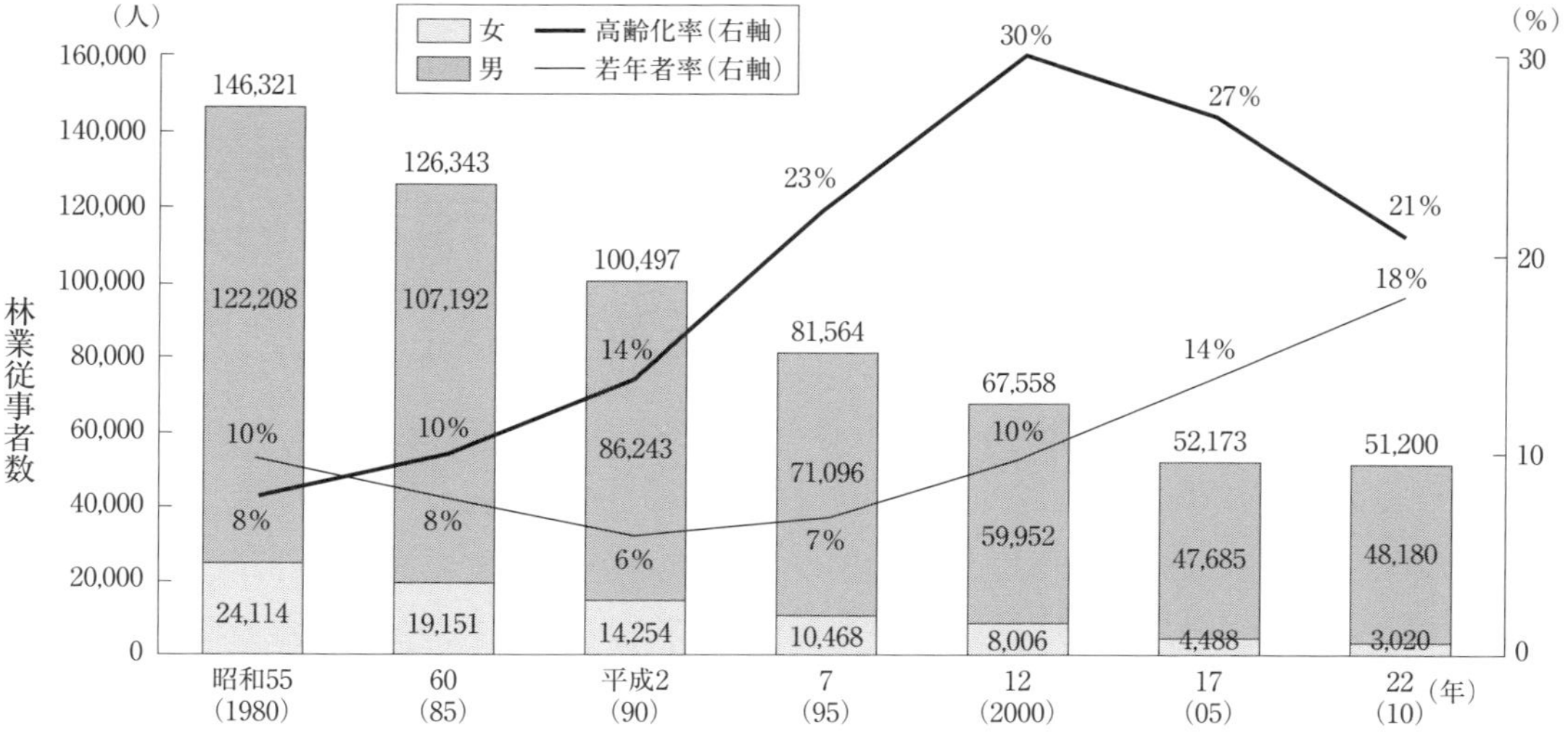

注 1：高齢化率とは、65 歳以上の従事者の割合。
　2：若年者率とは、35 歳未満の若年者の割合。
資料：総務省「国勢調査」
出所：平成 26 年度『森林・林業白書』

度の者を対象とした「統括現場管理責任者」研修というように、林業労働者のステップアップを可能とする仕組みに体系化された（詳細は興梠克久編著『「緑の雇用」のすべて』日本林業調査会、二〇一五年、を参照されたい）。

このように、「緑の雇用」事業は当初の失業対策、新規若年林業労働者確保・育成策から林業技術者のスキルアップ策にも重点が置かれるようになってきているが、林業にほとんど縁がなかった都市部の若者にも林業への就業の機会をつくった意味は高く評価すべきであろう（『神去なあなあ日常』や「ＷＯＯＤ　ＪＯＢ！」の大ヒットがこの制度や林業に一層の関心を持たせたことは疑いないが、逆にこの制度があったからこそ作品の対象に取り上げられたのだろう）。

つぎにもう一つ、林業労働に関わって注目されている「林業女子会」についてもふれておこう。この取り組みは、二〇一〇年に京都で始まり、その後、静岡、岐阜、東京、栃木、愛媛、石川の都県に広まり、二〇一三年には長崎、兵庫で、さらに二〇一四年には三重、山口、宮城、岩手、長野、佐賀、福岡、福井の各県で設立され、二〇一五年三月現在、一六都府県で結成されている（平成二六年度『森林・林業白書』）。「林業女子会」のメンバーは、学生や会社員など様々な職業の人たちで、林業体験など森づくりに関する諸活動や情報発信などを行っている。たとえば、草分け団体である「林業女子会@京都」では、活動の一つとして不定期に「林業カフェ」を開催し、食事を楽しみながら林業に関する諸々のことを話し合っている（男性も参加可能）。また、会報も発行しており、現在の発行部数は約五〇〇〇部にもたっし、京都市内のカフェなどで無料配布されている。会員は約四〇人で、一八歳から六〇歳代までいるが、平均年齢は約二〇歳だという（国土緑化機構「森林NPO・ボランティア団体による間伐・間伐材利用事例集」二〇一三年、による）。

以上、この節では映画「WOOD JOB!」のヒット、「緑の雇用」事業、「林業女子会」の活躍など、林業労働に関する新しい動きについて述べてきた。ただ、現実を直視すれば、これらの「新しい波」も、以前から続く林業従事者の減少に歯止めをかけることができていないということである。「緑の雇用」で研修を受けた者の職場への定着率をみても、研修の途中で退職した者一二パーセント、研修後しばらくして退職した者二七パーセント、現在も職場に残っている者は約六割程度である（前掲『「緑の雇用」のすべて』）。

これには、「一〇年の壁」の存在が指摘されている。それは新規採用時と数年ないし一〇年後では、当初単身または夫婦だけだったものが、子どもの誕生にともなう教育・医療の問題、さらには親の介護の問題なども生じること、第二に給与の面では、二〇代では全業種の年間平均賃金が約三五〇万円であるのに対し、林業では二六〇万円で、前者の約七割程度であったものが、年齢とともに格差が広がり、五〇代では同じく七二〇万円に対し三三〇万円と五割以下になってしまう。これらの事情があって、山村で住み続けることが困難になり、離職せざるをえなくなるのである（奥山洋一郎「山村で『働くこと』の意味」、『林業経済』二〇一六年一月号、なお、この号には「WOOD JOBルネサンスへの道——若者を山村、林業へ」が特集されており参考になる）。

また、前掲図1—4を再度参照いただければ、林業従事者数の減少スピードにブレーキがかかってはいても、減少は今でも続いていること、「林業女子会」の活躍にもかかわらず女性の林業従事者数は減少しており、従事者総数に占める女性の割合は二〇一〇年で、五万一二〇〇人中三〇〇〇人、わずかに六パーセントにすぎないことが確認できる。

3 『里山資本主義』の世界

次に、やはり「はじめに」でふれた藻谷浩介『里山資本主義』についてである。

まず「里山」とは何か、を考えてみたい。これには大きく二つのとらえ方がある。一つは、かつての薪炭林や採草林のように、居住地の近隣に存在する山で、奥山、深山の対語になる、「山」そのものに関わる概念であり、もう一つは「里地里山」という使い方がされているが、「原生的な自然と都市との中間に位置し、集落とそれを取り巻く二次林、それらと混在する農地、ため池、草原などで構成される地域」（環境省ホームページ）という「地域」概念である。この本がとりあげている「里山」とは、後者を指すものと思われるが、一般的には中山間地域や農山村・山村、あるいはもっと広く取れば「過疎地域」を指すものといってもよかろう。

こうした地域は、日本経済の高度成長期以降、「過疎化」と「高齢化」が激しく進み、「限界集落」、「消滅自治体」の危険性が強調されてきた。事実、「過疎地域」にあっては、人口の「社会的増減」（就職・進学などによるもの）に加えて、一九八七年より「自然減」（死亡者数が出生者数を超えることによって生じる）社会に突入していった。このまま推移すれば地域の崩壊・消失は免れえない。もちろんこの間、これらの自治体にあっても古くは「一村一品運動」をはじめ、多様な「村づくり」、「村おこし」が取り組まれてきた。しかし、この趨勢を止められないまま今日に至っている。

この本は、このような状況下で、中国山地などの各地で始まっている「地域づくり」「地域おこし」の取り組みを、「マネー資本主義」（「やくざな経済」）に挑戦するもので、「里山資本主義」（「かたぎな経済」）と位置づけ、そのコンセプトを提起したものである。また、別の章では「『里山資本主義』とは、お金の循環がすべてを決するという前提で構築された『マネー資本主義』の経済システムの横にこっそりと、お金に依存しないサブシステムをおこうという考え方」とも書かれている。いくつかの特徴的な内容を紹介すれば、①岡山県真庭市で取り組まれている「木質バイオマス発電」、「エコストーブ」などを例にとった「二一世紀の〝エネルギー革命〟は山里から始まる」、②山口県周防大島における都市から移住してきた若者のジャム作り、養蜂業などの取り組みに光をあてた「過疎の島こそ二一世紀のフロンティアになっている」、あるいは、③高齢者は「光齢者」（輝ける年齢に達した人）、市民は「志民」（志をもった人々）。「笑顔がある人は笑顔、汗が流せる人は汗、知恵がある人は知恵、そしてお金がある人はお金。そうした志民が提供する力は、『第三の市民税』」という言い回しなど、大いに「里山地域」を勇気づけ、都市住民の「マネー資本主義」崇拝に歯止めをかける役割を果たしたものと思われる。しかもこの本は、四〇万部以上発行されたというから、大きな影響力を発揮したといえる。

この本をここで取り上げたのは、書評するためではないので、とくにこれ以上コメントをするつもりはないが、ともかく、森林・林業・山村問題をこの分野の専門家からではなく、一般経済の研究者やジャーナリストに取り上げていただいたのは、我々にとって絶好のチャンスではある。

私は、かねてよりこれらの問題に対する国の政策を批判し、「棄業」（林業を棄てる）・「棄民」（農民を棄てる）・「棄域」（地域を棄てる）政策を、「起業」（林業を起こす）・「起民」（農民を起こす）・「起域」（地域を起こす）政策に抜本的に転換しなければならないことを、ことあるごとに指摘してきた。これまで述べてきた「新しい風」や

「新しい波」を大いに活かし、森林・林業・山村「起こし」に、国・自治体・関係者が真正面から取り組むことがかつてなく期待されている、といえよう。

第2章　分収育林制度と「緑のオーナー制度」

もしいま、国民に「国有林は国民の山だと思うか、それとも国家の山だと思うか」と問えば、多くは「国家の山だと思う」という答えが返ってくるであろう。「軒先国有林」といわれ、国有林野が大きな割合を占める東北や長野県木曽郡などでは、とくにそういう傾向が強い。それは、戦前にあっては、地元民の入会林野（共同利用林野）が大量に国有林に囲い込まれ、「オカミの山」として地元民の林野利用が制限されたうえに、国有林の管理や低賃金労働が義務づけられるなど、国有林と地元民とは「主従の関係」に置かれてきたからであり、戦後にあっても国有林の過伐・乱伐やリゾート開発によって森林破壊が行われたり、大「合理化」によって地元の主要な就業先が奪われたりするなど、一貫して国民の利益とは相反する施策がとり続けられてきたことによるものである。

国有林野事業は、戦前と戦後では、管理面積も、管理方法も、会計制度もことごとく変化している。戦前は内地（本州）国有林、北海道国有林、御料林（天皇家の林野）、さらに植民地国有林と膨大な面積をそれぞれ別組織で分割管理していたが、戦後は植民地の喪失に伴い、内地国有林、北海道国有林及び御料林が一元管理されることになった（これを、「林政統一」という）。また、会計制度の面でも、大幅な林野面積の減少と戦時期の乱伐による森林資源の劣悪化のもとで、国家財政への負担をかけないよう、一般会計から特別会計、それも企業会計（独立採算制を前提）へと転換された（詳細は後述）。

企業会計原則に基づく特別会計の下で一九四七年度に再出発した戦後国有林野事業は、一九七〇年代中葉以降、外材依存体制の深化による材価低落のなかで財務状況を悪化させ、債務（借入金）は年々増大していった。そして遂に一九九八年、累積債務を三兆八〇〇〇億円に膨れさせ、自力（国有林野事業特別会計）では返済不可能となった。そこで、債務のうち二兆八〇〇〇億円を一般会計に転嫁し、一兆円を特別会計に継承するとともに、独立採算制を廃止した。これが国有林野事業の第一次破綻《はたん》である。

しかし、国有林野事業特別会計に引き継がれた一兆円の債務はその後も年々増大し続け、二〇一三年度には遂に特別会計制度も廃止し、一般会計制度に全面的に転換されることになった。国有林野事業の失敗と膨大な借金が全国民に負わされることになったのである。これが戦後国有林野事業の第二次破綻であり、現況である。われわれ専門研究者の力不足もあって、このことも一般国民には充分承知されていないものと思われるので、第4章でさらに詳述したい。

一方、本書執筆の直接的な動機である国有林の「緑のオーナー制度」とは、国有林野事業が財政危機を深める中で、スギやヒノキなどを植林して一五〜二五年たった「間伐林」（若齢林）を、いわば「投資物件」として国民に売り出し、二〇〜三〇年後に伐採した木材収入を費用負担者（国民）と国が分け合おうとするものである（これを分収育林制度という）。主として都市住民などの「余剰資金」を引き出すために一九八四年度に創設されたこの「緑のオーナー制度」は、一口五〇万円（一部二五万円）で費用負担者を募ったものの、大きくこれを下回る還元金しか受け取れないという「元本割れ」が現実化する中で、一九九九年、突然資金集め（費用負担）の募集を停止し、実質上本制度を廃止した。

前述の特別会計から一般会計への転換による「債務の国民負担への転嫁」は、国民全てが被害者であるにもかかわらず、ほとんどの国民が認識できないうちに行われたものであるのに対し、「緑のオーナー制度」では、多くの費用負担者が「元本割れ」

という個別・具体的な被害を被ったという点で明確な違いがある。「緑のオーナー制度」で費用負担者となった人々は全国で延べ八万六〇〇〇人、総額五〇〇億円にも上る。費用負担者のうち二三九人は、「国に騙された」「元本割れとは考えてもいなかった」と憤り、二〇〇九年、国を相手取って集団訴訟（大阪地方裁判所）を行ったのである。

二〇一四年一〇月九日に出された地裁判決は、契約者（費用負担者）に「元本割れ」などに関して国の「説明義務違反」があったことを認め、きわめて限定的ではあるが損害賠償を命じた。これに対し原告（費用負担者）も被告（国）も異議を唱え、二〇一五年一月、原告、被告とも大阪高等裁判所に控訴し、二〇一六年二月二九日に判決が出されている（内容は後述）。

筆者は戦後国有林野事業の持つ問題点に関しては、一九八六年（「国有林経営『改革』の現段階」、『林業経済研究』昭和六一年一一月）以降、多くの論文や著書（主著は『森と人と環境』新日本出版社、一九九七年）で指摘し、国有林野事業の破綻は不可避であることに警鐘を鳴らし続けてきた。また、民有林も含めた分収育林制度（当然「緑のオーナー制度」も）が孕《はら》む問題点についても、一九八七年「分収育林事業の経済分析」（『林業経済』昭和六二年六月号及び八月号）で他の研究者に先駆けて指摘してきた。つまり、約三〇年前から国有林野事業や分収育林制度の破綻を見通していたのである。

科学、とくに社会科学は、過去及び現状を的確に分析することを通じて、将来を展望できるものであることを、いまあらためて実感している。本章では、これら旧拙稿をベースに、まず第一に、分収育林制度とはどのような状況下で創設され、どのような特徴をもつものであるかを確認すること、次いで第3章では戦後国有林野事業と「緑のオーナー制度」はどのような事業であったのか、また、それぞれはどのような基本的問題点を孕み、その後の事業破綻に必然性があったかなどを再確認したい。

1　分収造林制度から分収林制度への転換

ここでは分収育林制度（一九八三年創設、翌八四年に国有林野での分収育林制度である「緑のオーナー制度」の発足）の特徴を浮き彫りにするために、この制度より二五年も前に創設された分収造林制度（一九五八年）の説明をしておこう。なぜなら、分収育林は分収造林と合わせて「分収林制度」に統一され、今日に至っているからである。

（1）分収造林制度とは何か

林業は土地産業の一つであるが、天然林（人工的に植栽していない森林）を採取（伐採）する採取林業と、スギやヒノキなどを植栽・保育管理し、数十年後に伐採する育成林業との二つの種類がある。いずれの場合も、農業に比べ生産期間がきわめて長期であり、収穫（伐採）までに数十年以上を要することが大きな特徴である。また、育成林業では、農業が土地所有・労働・資本（費用）が同一（三位一体）であることを基本にしてきたのに対し、「三位一体」型とともに、土地・労働と資本（費用）が別主体によって担われ、したがって収穫時に収入がそれぞれの主体で分けられる分収造林制度が、戦前からも「部分林」「官行造林」などの名称で実施されてきた。

「部分林」は藩政期から存在しているが、一八九九（明治三二）年に制定された国有林野法のなかで「国ハ造林者ト其ノ収益ヲ分収スルノ契約ヲ以テ国有林野ニ部分林ヲ設クルコトヲ得」としている。これは、国有林野形成の一つの源泉が強権的な地域農民の「入会林野」の囲い込みによるものだという経緯もあるため、農民への慰撫策として国有林野に造林を許可し（農民が造林者）、伐採時に収益を両者で分収するというものである。また、「官行造林」は、一九二〇（大正九）年制定の「公有林野官行造林法」に基づき実施されたもので、文字通り公有林野（市町村有林）に官（国）が費用負担者となって分収造林を行う制度である（官行造林は一九六一年に森林開発公団の公団造林に継承）。

こうした分収造林の仕組みを明確に規定した、戦後一九五八年制定の「分収造林特別措置法」でみてみれば、次のようになる。

①「土地所有者」「造林者」「費用負担者」が「分収造林契約」を行い、「土地所有者は造林者のためにその土地につきこれを造林の目的に使用する権利を設定する義務」を、「造林者は、その土地に一定の樹木を植栽し、並びにその植栽に係る樹木の保育及び管理を行う義務」を、「費用負担者は、造林者に対し、樹木の植栽、保育及び管理に要する費用の全部又は一部を支払う義務」を、それぞれ負う。

②各契約当事者は一定の割合により収益を分収する。
③植栽された樹木は、各契約当事者の共有とし、各共有者の持分の割合は前項の割合に等しい。
④共有樹木については、民法の「共有物の分割請求」の規定は適用しない。
このように、分収造林契約が数十年にも及ぶ長期のものであるから、各当事者の義務の明確化を図ると同時に、分収割合と共有樹木の持分割合とが等しいとしつつも、伐採時以前の中途での分割請求を認めていないのである。

「分収造林特別措置法」が制定されると、翌年の一九五九年に、対馬林業公社（長崎県）が、一九六〇年には熊本五家荘、六一年には高知、長崎、屋久島など、さらに六〇年代後半にかけて次々と道府県の「林業（または造林）公社」が設立され、公社が費用負担者となって分収造林が推進されていった。

時代背景との関連で公社造林を位置づければ、日本経済が高度成長期を迎えるなかで、農工間格差を基本として地域間の社会的・経済的格差が拡大していったため、離島・僻地《へきち》などに対して当時は主要産業であった林業を中心とした地域振興策が必要になったこと、さらに六〇年代後半には「外材インパクト」（外材輸入がもたらす国内林業への大きな影響）により国産材の自給率低下（六〇年の八七パーセントから七〇年の四五パーセントへ）、人工造林面積の減少（六一年の四二万ヘクタールをピークとし、七〇年には三五万ヘクタールへ）が進行し、「公的造林」・「機関造林」（公社・森林開発公団等の公的機関が費用負担者となって行う分収造林の呼び名で、両者は同一のもの）がなければ造林面積減少に歯止めがかからない状況に立ち至ったこと、を指摘しうる。

ここでいま一度強調しておきたいことは、これら分収造林を推進してきた「費用負担者」は公社・公団などの「公的機関」であり「公的資金」であって、決して「民間資金」でもなければ、ましてや都市住民の「余剰資金」でもないということである。ただし公社も公団も一九八〇年代に入って、伐採収入が当面入らない中で資金の借入金依存体質を強め、財政問題が深刻化していった。こうして公的造林面積は減少し続け、造林の下支え的機能を喪失させるなかで、次に述べる分収育林制度に転換されていった。

（2）分収育林制度の登場による分収制度の変質

分収造林特別措置法は、一九八三年、分収林特別措置法に改正された。分収林とは、従来の分収造林と、新たに創設された分収育林の両者を含む概念である。この法で規定されている「分収造林契約」については旧法と同様で前述の通りであるから、新たに追加された「分収育林契約」についてだけみれば、次のように定められている。

①分収育林契約とは「育林地所有者」「育林者」「育林費負担者」が契約するもので、「一定の土地に植栽された樹木に関しその土地の所有者」である「育林地所有者は、育林者のためにその土地につきこれを育林の目的に使用する権利を設定する義務」を、「育林者は、育林を行う義務」を、「育林費負担者は育林者に対し、育林に要する費用の全部又は一部を支払う義務」を、それぞれ負う。

②各契約当事者は、一定の割合により、当該契約に係る育林による収益を分収する。

③当該樹木は各契約当事者の共有とし、共有者の持分の割合は、前項の一定の割合と等しいものとする。

④共有樹木については、民法の「共有物の分割請求」規定は、適用しない。

このように、契約内容は分収造林の場合と基本的には同様である。

ここで、「育林」について若干の説明をしておこう。育林とは、一般的には樹木植栽後の下刈り・除抜（間引き）・枝打ち（無節材を作るための作業）・間伐などを指す。このうち、当時問題となっていたのは、もっぱら間伐であった。我が国の人工林施業では、一ヘクタール当たり約三〇〇〇本（一ヘクタールは約三〇〇〇坪であるから、一坪当たり一本）のスギやヒノキなどを植栽し、数十年後の伐採（主伐）時には一〇〇〇本以下の建築用の柱材に適した樹木を、すなわち、通直で本末同大（根元も幹の上部も太さができるだけ変わらない）の樹木を作り上げることを経営目的としてきた。

そのためには除抜や間伐が不可欠な作業となる。もし除間伐が行われなければ、相互の生存競争に負ける樹木が多くなったり、樹冠（樹木の葉の繁り）の密閉で太陽光が林内に届かないため、全体的に発育不全を起こすことになる。こうして、もし間伐をしなければ、せっかく植栽されたにもかかわらず、人工林は「線香山林」、「もやし山林」となり、まともな建築用材としての商品が実現できないばかりか、樹根が浅く、風害・水害に弱い森林となってしまうのである。

高度成長以前は、間伐材は建築用の足場丸太、あるいは稲収穫後の稲架け用丸太としての需要があり、森林所有者に一定の収入をもたらした。したがって、四〇〜五〇年後の主伐まで待たなくても、中途での間伐収入が入り、超長期の人工林経営もある程度可能であった。しかし、建築用の足場組みは鉄パイプに代わり、稲の収穫も機械化され、一部を除いて稲架け用丸太の需要もなくなっていった。とくに一九六〇年代以降になると、主伐材すら外材に押されて需要が落ち込んでいくのであるから、間伐は収入になるどころか、経費だけがかかる作業となってしまった。森林所有者は、間伐が人工林経営のためには不可欠のものであることを承知していても、採算割れの作業に費用を掛けることはできない。こうして、植栽はしたが間伐がなされない人工林が増大していった。

これらの状況は個人有林でも公有林（都道府県・市町村・財産区有林）でも国有林でも共通である。しかし、森林の所有・経営形態の違いによって、対応には大きな違いがみられた。端的にいえば、個人有林の場合には間伐の放棄に繋がり、国有林・公有林にあっては、この新しい分収育林制度を活用し、費用負担を他に求めて間伐を実施しようという、全く異なる動きとなった。その理由は、国・公有林にあっては、国民の「公的機関」に対する一定の「信頼」をバックにして「費用負担者」の募集が容易だったのに対し、私有林にあっては、これがほとんど不可能だったからである。

2　分収育林事業の経済分析

（1）分収育林制度の成立と今日的問題状況

分収育林事業は、「分収育林制度」成立（一九八三年）以前に一定の前史をもっている。その発端は、岡山県真庭郡美甘村・山口冨泰村長が、村の自主財源確保策として公有林（村有林）を担保とした資金融資制度の確立を自らが当時副会長をしていた全国山村振興連盟に要請したことにはじまる[注1]（一九六七年）。これを受けて同連盟で方策を検討した結果、同連盟事務局長・奥田孝氏は、二つの提案を行っている。その一つが「植栽済み公有林を対象とする分収造林契約による案（公有林経営公社案）」である。[注2]本案は、法律により特殊法人として同名の公社を設立し、市町村が所有する植栽済み公有林（おおむね一〇年生以上）を対象として、公社を「費用負担者」、市町村を「土地所有者兼造林者」とする分収契約を行うというものである。また、本案は単に公有林のみに限定されるべきでなく、広く民有林一般に拡大適用すべきものだとしている。

一方、森林開発公団も時を同じくして、公団事業の一環として同様な制度の検討を始めており、その結果が同公団企画室・守本節二氏の「再収益造林制度」[注3]として提案されたものである。内容は、民有林のおよそ二〇年生の造林木を対象として、「その林地及び林木の所有者」と「公の機関」（当然公団を指しているものと思われる）とが「再収益造林契約」を締結するというものである。費用負担は、いうまでもなく「公の機関」である。

その後、これらの提言を引き継ぐ形で林野庁森林保険課（当時）が七三年から委託費を計上し、実現可能な方策を調査検討（日本林業経営者協会に調査委託）することとなった。結果的には、「費用負担者」は公社や「公の機関」ではなく、「一般国民の余裕資金」であることに落着したのである。これらを受けて具体化されたのが、「特定分収契約設定促進事業」（一九七六年度）であり、「特定森林造成活動推進事業」（通称「ふるさとの森造成事業」、一九八一年度）である。そして八三年度には「分収育林制度」として法制化され、翌八四年度には国有林野にもこれが適用され（「緑のオーナー制度」の名称で）、今日にいたっている。

以上の「分収育林制度」成立までの経緯の中に、いくつかの特徴点を見いだすことができる。

第一は、林業の低利性、長期性とくに後者を緩和することによって林業振興を図ろうとすることを主目的としていたことであり（前者の公社案には同時に市町村の自主財源確保の狙いもあるが）、第二に、そのために伐期までの中途に公的な資金を導入し、「公的な機関」との分収契約を行おうとするのが、「特定分収契約設定促進事業」以前の考え方であった。しかし、第三に、具体的に事業がスタートする時には、費用負担者は「公的な機関」ではなく、一般国民（契約森林の地元出身者などの制限を設けている場合もある）へとすり替えられてきたことである。第四には、第三点ともかかわって、林業振興策の側面は後景に退けられ、「緑ブーム」、「ふるさと指向」に便乗した形で一般国民受けする「緑のオーナー」「ふるさとの森」の名称で、「一般国民の余裕資金」をターゲットとした費用負担者確保策の色彩を濃くしていった。

そして第五に、一九八三年五月の第二次「臨時行政調査会」（会長は土光敏夫氏であったため、同調査会は、「土光臨調」ともいわれた。行政の「簡素化」・「効率化」の名目で、国鉄や国有林を含む「三公社五現業」の「民営化」が行われた）の最終報告の影響である。同報告に沿った中曽根康弘政権の下での「行政改革」（「小さな政府」の実現）によって、林業関連では国家予算が削減され、さらに国有林にあっては「赤字」（累積債務）対策の一環として、一般会計が負担すべき費用を国民に肩替わりさせる「受益者負担」的施策が相次いだ。

ともあれ、公有林（市町村有林、財産区有林）を対象としてスタートした分収育林事業は、その後、私有林（個人有林、会社有林など）、国有林へと対象を広げ、八六年一二月末現在、契約設定規模は、民有林三一〇〇ヘクタール・七九億円、国有林七七〇〇ヘクタール・一四八億円にたっした。後発の国有林が最大部分を占めているところに、先述のような分収育林事業の今日的特徴が端的に示されているといえよう。

分収育林事業が「国の財政危機を国民総負担で乗り切ろうとする路線の一形態」[注4]にほかならないとすれば、この事業はさらに拡大されていくことが予想された（現にそうなり、後述する訴訟にまで至っている）。しかし、事業がスタートして一〇年以上たった一九八〇年代後半にいたっても、この事業に対する総括的分析はまったくといっていいほどになされていなかった。とくに重要なのは、一般国民から募集される金額（費用負担額）はどのような基準で決定されているのか、またどのように使用されているのか、果たして林業振興策としての有効性をもっているのかどうか、などである。

実は著者は、これらの課題を明らかにするために、一九八六年三月末現在、公有林（市町村有林、財産区有林）を対象として事業を実施している全国四二ヵ所にアンケートによる悉皆《しつかい》調査（一部聞き取り調査）を行った（回収率七七・五パーセント）、以下はその分析結果の報告を、一九八七年六月と八月に「分収育林事業の経済分析（1）、（2）」（専門雑誌『林業経済』）ですでに公刊している。本項はそれをベースにあらためて加筆したものである。

（2）費用負担額の算定に関する問題点

分収育林が分収造林と大きく異なる点は、契約締結時点において、既に対象林分

（およそ一五〜二五年生の若齢林）が一定の価値を有しているため、何らかの方法でこの価格評価を下さねばならないことである。したがってこの算定方法が重要になってくる。

「分収林特別措置法」において、費用算定にかかわる条項を抜粋すると、まず第五条第一項で、分収林契約にかかわる途中募集をする者が知事に届け出る事項として、①各契約当事者が負担する育林に要する費用の範囲並びに途中募集に係る育林費負担者が負担すべき費用の額及び支払方法、②当該分収林契約に係る樹木について持分の対価の支払を約定する契約にあっては、途中募集に係る育林費負担者が支払うべき持分の対価の額、③収益の分収割合、などを定めている。また、第六条第一項では、「適正な造林もしくは育林が行われない」、または育林費負担者の「正当な利益」を害する恐れがある場合には、知事は事項の変更を勧告できるとしている。

同法において費用算定にかかわる条項は以上である。つまり、分収割合や費用負担金額を算定し届け出ることを義務付けているが、具体的な算定基準についてはなんら規定していない。費用算定は募集を行おうとする者の手に基本的に委ねられているのである。

では、実際にはどのような方法で負担額が算定されているのであろうか。

一つの事例として、長野県松本市入山辺里山辺財産区（契約面積五一・四四ヘクタール、一口当たり面積〇・五一四ヘクタール、一口当たり負担額六〇万円、カラマツ一六〜二五年生）の場合を示せば、費用負担額算定の基本要素は、①契約時の立木評価額、②契約時までの投下見積費用・地代及び、③契約時以降、伐期までの地代となっている。このうち、立木評価額が最大の割合を占めている。

林野庁造林課「民有林造林事業統計」によれば、全国四二ヵ所の一口当たりの費用負担額は、一〇万円〜六〇万円の開きをもっており、〇・一ヘクタール当たりに換算しても八万円〜四二万円で、同じ樹種で比較しても負担額の格差は相当に大きい。費用負担の算定方法が実施主体に委ねられている上に、算定の根拠ならびに各地の負担額が費用負担者にまったく知らされていない（比較不可能）ことが、こうした格差構造を生み出し、定着させているといえよう。

（3）分収育林事業をめぐる諸問題

ここでは、以上の分収育林事業に関する調査研究の結果に基づき、分収育林事業の制度・実態面での問題点と今後予想される諸問題を含めて総括的に論点を提示しておこう。

第一は、分収育林事業の性格をどうみるのかという点である。すなわち、林業振興策とみるのか、一般財源確保策とみるのか、である。少なくとも建前として見る限り、事業の名称からも、あるいは分収林特別措置法の目的規定(「分収方式による造林及び育林を促進し、もって林業の発展と森林の有する諸機能の維持増進とに資すること」、第一条)からしても、本事業が林業振興(森林育成)策であることは明確である。しかし、事業導入の契機[注5]や募集資金の運用という実態面(つまり本音)からすれば、かならずしもそうではなく、財源確保策的性格を色濃くもっているのである。

この本音と建前の違いは、費用負担者が林業に対する知識や関心があまり高いとはいえない一般国民だということによって、問題をより複雑にさせざるをえない。分収造林事業と対比して考えてみよう。民有林を土地所有者とする分収造林は、林業の資金不足を公的に補完するもの(公社・公団造林など)として展開してきた。明確な林業(造林)振興策である。しかも、費用負担者、土地所有者、造林者ともに林業のいわば「玄人」であり、自力では造林が進みにくい林業を取り巻く厳しい環境(外材体制、国内林業低迷など）を三者とも十分承知の上でこの制度を活用し、また一定の社会的役割を発揮させてきたのである。

しかし、分収育林事業の場合、林業を取り巻く情勢は一段と悪化し、市町村財政の危機も深化した状況下の制度登場にもかかわらず、林業のいわば「素人」である国民に対し、こうした事情は十分に知らされているとはいえない。端的にいえば、林業事情には触れないで、国民的関心の高い「緑」「ふるさと」「森林」「自然」などに局面をずらしながら対応してきたことは否めないであろう。注6

今日の状況下で、「林業は産業として成り立たない」、あるいは「儲からない産業」であること、国家予算も削減され、国民に費用負担者になってもらう以外に、資金的目途が立たないことなどが、もし率直に語られたならば、今日までのような活発な資金募集状況にはならなかったのではないだろうか。こうして、国民に対しては、「緑」で資金を提供させ、集まった資金の多くは市町村の一般財源に充当され、せいぜい金利部分が林業振興策に振り向けられることによって、林業振興策としての分収育林事業の「建前」の部分をかろうじて残す、というのが現実だといわざるをえない。

したがって、林業振興上での本事業の貢献度という点からは、契約森林に一定の効果は認められるものの、市町村などの所有森林全体までには及ばないなど、募集資金の額の大きさに比べれば、十分活用されているとはいいがたいのである。

第二の問題点は、費用負担額の算定方法と負担者の利益の保全についてである。制度上の不備もあって、算定方法は地元に委ねられており、その結果、地域間に負担額の大きな格差を生じさせている。こうした問題を未解決のまま分収育林事業を全国的に拡大させていったならば、いずれ負担者に著しい不公平感（損得感）を起こさせることになろう。民間投資ならばともかく、事業主体が国や地方公共団体であることへの信頼感（注6を参照）によって、国民（庶民）は少なくない金額を長期間委ねているのである。最低限、樹種・樹齢ごとのマニュアルは必要であろう。

第三に、伐期における森林の保全と費用負担者の利益保全との関係についてである。費用負担者には伐採収入の分収によって資金還元がなされる。契約は特定の場所（林分）ごとになされているのではなく、契約対象森林全体を「総口数」として、そのうちの「口数」分について、各人と行われている。常識的に考えれば、契約期間（例えば三〇年）がくれば、その時、一斉に森林が伐採され、資金に対する還元が負担者全員に同時になされるものと負担者は思うであろう。

ここに大きな問題が生じる。それは、分収の最大契約面積は一ヵ所二五〇ヘクタールに及び、五〇ヘクタール以上のところでさえ、当時の契約箇所四二ヵ所中一四ヵ所を数えた。これを一気に伐採したとしたら、それこそ大面積皆伐であり、森林破壊である。といって、これを一〇年～二〇年以上かけて順次伐採するとしたら、費用負担の不公平感を招かない利益の還元方法とはどういうものになるのであろうか。

また、そのような方法がもし可能だとしても（例えば、一〇年～二〇年以上にわたり小面積の伐採を行い、その都度、契約者全員に平等に、分割還元する）、むしろ問題は、費用負担者が契約時にこのような事態が起こりうることを十分知らされていたか、どうかである。森林の保全と費用負担の利益の保全との両立という問題を、未解決のまま分収育林事業はスタートさせられ、拡大していった。

最後に、日本林業の抜本的振興の道筋の中に、この分収育林事業をどう位置づけるのか、という問題である。分収育林事業の主要な一側面は、林業の財政需要に対し、国、公団、公社などの国家的・公的役割を削減し、民間資金へ転換させようとするものであって、「臨調・行革」下、「民間活力」導入、受益者負担の一形態として政策基調に組み込まれていた。

この点では、「入山料」「水源税」創設とも軌を一にするものである。したがって、軍事費を突出させ、大企業優遇税制などを温存させたまま、そのつけを国民総負担で乗り切ろうとする臨調・行革路線との対抗を抜きにして、分収育林事業、水源税創設などを推進しようとしたり、これらを黙認したりすることは（残念ながら研究者も含めて林業人の大部分を占める）、国民的利害と著しく対立せざるをえない。分収育林事業に対する基本的評価の分岐点も、まさにこの点に存するのである。

しかし、分収育林事業は、単なる受益者負担ではなく、長期的には資金の還元（利益の程度はともかくとして）が約束されているのであり、いわば、林業公債の一種ともいえよう。この点では、入山料、水源税と異なるのみならず、金銭的な対価を求めない「ナショナルトラスト」とも異なっている。負担者は、当然、出資額以上の資金の還元を期待することになる。そのためには、まず、負担額の算定が適当であったかどうかが問題になるが、それと同時に森林が適切に管理され、最終的には産業として成り立つような木材価格の形成が前提となる。

この最後の点は、状況によっては事業主体と費用負担者の利害が完全に一致することを物語っている。費用負担者には林業不振の実態が語られなければならないし、また語ることによって両者の相互理解と連帯が生まれてくるのである。ごまかしやすり替えからは、相互不信こそあれ、真の連帯など生じようもない。今までのところ分収育林事業の表看板とされている「緑」「森林」「ふるさと」なども、実は林業不振によって危機的状況にさらされているのであって、すり替えではなく、むしろ正面から事業主体（山村住民）と費用負担者（都市住民）が切り結ぶことによって、林業、緑、森林、ふるさと等の振興（村づくり）のための協力・連帯が強化されていくものであろう。[注7]

*

以上が、約三〇年前の拙稿の概要に加筆したものであるが、ここで明らかにしていた要点を今一度再確認すれば以下のようになる。

第一に、分収造林制度が分収林（主目的は分収育林）制度に転換された理由は、林業の採算性悪化にともない間伐作業の遅れが深刻化するなかで、間伐資金を国・公的機関からではなく、一般国民（主として都市住民）から捻出させることにあった。

第二に、ターゲットとされた都市住民は、多くは「林業の素人」であり、当時の林業が置かれている経済環境、例えば、国産材の自給率・木材価格の趨勢《すうせい》、間伐費用やそれら若齢木の二〇～三〇年後の価格、林業利回り（林業を数十年にわたる投資と見立てた場合の利子率）、などについて知識を持つ者はほとんどいなかったであろう。したがって、こうした状況化で費用負担者を募集するのであれば、自治体や国は正確な情報を伝達し周知させる義務、すなわち「説明責任」があるとしなければなるまい。

第三に、費用負担額は民有林での分収育林の場合でみれば、〇・一ヘクタール当たり換算で八～四二万円、同じ樹種で比較しても格差が相当に大きい。これは、費用負担の算定方法が実施主体（この場合市町村・財産区）に委ねられ、算定の根拠や各地の費用負担額が費用負担者には全く知らされていないからである。つまり、全国各地で実施された費用負担者の募集はほとんどがその地域だけで閉鎖されたもので、各地の状況を比較検討することが可能な情報は、費用負担者には与えられていなかったのである。このことは、国有林の「緑のオーナー制度」でも同様である。

第四に、分収育林制度は、「間伐促進による林業振興」の方策としてその財源確保のために創出されたものであるが、費用負担者には「本音」の「財源確保」策であることを率直に説明することなく、国民的（とくに都市住民に）関心が高まっていた「緑」「ふるさと」「自然」「夢とロマン」など情緒的なキャッチフレーズを前面に打ち出し、資金集めに狂奔していった。

第五に、以上のように「資金募集者」と「費用負担者」には、当初から大きな「同床異夢」が存在し、林業を取り巻く経済環境が悪化する中でこの制度がさらに推進されれば、いずれ取り返しのつかない結末を迎えるであろうことは、たとえ制度創設が三〇年以上前であっても、十分想定されたことだといわざるをえない。

なお、民有林（公有林）で先行した「分収育林制度」が、その後どのような結末を迎えたかという点について、一つの事例を紹介しておこう。

前述の分収林特別措置法に基づき、滋賀県は二つの造林公社（県造林公社及びびわ湖造林公社）を設立し、一九八四（昭和五九）年から「緑の投資家」の募集を始めた。その一つである「びわ湖造林公社」では、五三二人から一口三〇万円で約一億九〇〇〇万円を集めたが、最初の伐期を迎えた二〇一〇（平成二二）年には、木材価格はスタート時の三割程度に下落しており、元本割れは確実となった。県造林公社とびわ湖造林公社は、合計で一一〇〇億円以上の巨額債務を抱え、大阪府など下流域八団体の債権者を相手に債務放棄を求める特定調停を申し立てたが調整がつかず、事実上破綻した。この問題について、滋賀県の第三者機関「造林公社問題検証委員会」は、「木材価格が順調に上昇するという見通し」に基づき「分収造林、公庫融資、林業公社方式のセットを利用することを決めた国の政策は、最初の段階ですでに誤りであった」と断じているのである（住民訴訟「緑のオーナー」裁判原告準備書面より引用、傍点は筆者）。

注1　分収林制度研究会編集『分収林特別措置法の解説』創造書房、一九八四年、四三〜四七ページ。

注2　奥田孝「公有林の担保金融について」（『森林計画研究会会報』第一六四・一六五号合併号）、一九六九年八月。

注3　守本節二「新しい造林制度の構想――再収益造林制度について」（『グリーンエイジ』一九六九年五月号）。

注4　方丈洋一「転換期の林業と政府・独占資本」（『経済』一九八六年八月号、新日本出版社）。

注5　アンケート調査（有効回答四〇件）によれば、事業導入の契機は、①都市との交流、連帯強化二七・五パーセント、②林業振興二七・五パーセント、③財源確保二二・五

パーセント、④地域振興一七・五パーセント、⑤県の指導、公社からの申し出五・〇パーセントとなっている。

注6　このことの反映として、たとえば長野県小海町北牧財産区の分収育林事業「ふるさとの森事業」の費用負担者の応募理由は、①「事業主体が役場だから」三〇パーセント、②「自然に対する愛着のため」二三パーセント、③「夢とロマンを求めて」一八パーセント、④「資産形成のため」一五パーセント、⑤「ふるさとを求めて」七パーセント、⑥「観光の拠点として」三パーセント、⑦その他四パーセント、となっている（長野県小海町「あなたも山林のオーナーに、小海町『ふるさとの森』、一九八〇年」。また、一九八五年度の国有林の分収育林事業（「緑のオーナー」）の費用負担者の場合、①「子や孫へのプレゼントとして」二八パーセント、②「国土緑化のため」二五パーセント、③「夢やロマンのため」一六パーセント、④「自然にふれ森林浴を楽しむため」一二パーセント、⑤「将来の収入のため」一一パーセント（昭和六一年度『林業白書』）であって、ここでも総じて牧歌的で、林業危機への対応といった深刻さはほとんど感じられない。

注7　八〇年代の森林・山村政策の基調、村おこしなどについては、奥地正「現代日本の国土・環境問題と森林資源」（『科学と思想』№63、一九八七年一月）が的確なまとめをおこなっている。

第３章　戦後における国有林野事業の展開

戦後国有林野事業は、その掲げる経営目的（国有林の社会的使命）と企業会計原則とのミスマッチによって、別言すれば、「国民のための国有林」という「建前」と、「国家のための国有林」という「本質」との克服し難い「対立」（矛盾）によって、いずれ経営が破綻《はたん》するのは必至であったことを考察したい。なお、本章は戦後から一九七八年度の「国有林野事業改善特別措置法」（「改善法」と略称）とこれに基づく「国有林野事業の改善に関する計画」（「改善計画」）以前に関する記述にとどめ、それ以降の本格的な「国有林野事業の解体」段階については、次章で詳述することをお断りしておきたい。

1　国有林の存在意義――二つの「公共性」の存在と対立

日本における戦後国有林野事業の基本的方向性を理解するために、国有林の存在意義を世界的視野のもとで考察しておこう。

世界の先進国、発展途上国、社会主義国を問わず、ほとんどの国に国有林（州有林も含む）が存在しているのは、森林そのものが他の財とは異なり、経済財のみならず環境財・公共財としての性格を色濃く併せ持っていることに、基本的に由来するものである。この環境財・公共財的性格は、「国民のため」の側面（林産物の持続的・安定的供給、国土保全、水源涵養、保健休養など）と、以下に示す「国家のため」の側面という相対立する二つの内容を含んだものである。第一に、国有林の多様な経済的利用を通じて得られる収入による国家財政への寄与あるいは国家財政の負担軽減。第二に、道路・ダム・鉱業・工場・宅地・農場・牧場などの大規模インフラストラクチャー及び産業開発のための土地利用。第三に、機密の保全を要する軍事的利用（沖縄はその典型）なども、国家にとっては重要な国有林の「公共性」である。この二つの公共性は、一方では経営目的（表看板）として「国民的公共性」が前面にうちだされ、実態的には「国家的公共性」が追求される傾向が強く、そのいずれが優位に立つかは、その国の民主主義の発展段階や国民の民主的力量に基本的に左右される。

こうした観点から日本の国有林野事業を概観すれば、明治期の成立から今日（一九九〇年代）までの歴史的・客観的事実が証明していることは、それが日本資本主義ならびに国家（国家権力）の性格に強く規定されているということである。戦前期にあっては、農民的入会林野の強権的「囲い込み」による国有林野の形成（国有林はこれ以外に藩有林の継承、奥地林の編入などによって形成）、絶対主義的天皇制の物質的基盤としての御料林の形成、国家財政への寄与を目的とする一般会計制度の導入、国防・産業育成のための長大材生産（伐採樹齢は一〇〇年以上）を狙った長伐期主義・保続主義（木材の持続的生産）、戦争遂行のための施業案（植伐計画）を無視した大量木材供出と森林破壊、これらは戦前期日本資本主義の「軍事的封建的帝国主義」に規定されたものであった。

また戦後にあっても、結論を先にのべれば、国家財政への負担回避のため独立採算制（企業会計原則）に基づく特別会計制度の導入、紙・パルプ資本奉仕のための天然広葉樹林の過伐・大面積皆伐と「黒字」の一般会計負担肩代わり（国家財政への寄与）、「外材体制」による国内木材市場の日米大企業への明け渡しと「低材価・低労賃」政策、そして「臨調・行革」政策下での国有林野事業の「民営化」（直接管理から民間事業体への下請け化）、リゾート開発（国有林では「ヒューマン・グリーン・プラン」と称す）の推進などは、戦後日本資本主義が日米大企業の利益に沿って展開していることの国有林版にほかならない。

以上のように、戦前・戦後を通じて、国有林野事業は徹底した国家的公共性に貫かれ、国民的公共性とは基本的には対立するものだったのである（拙稿「世界の国有林の経営目的と存在意義」、深尾清造編『流域林業の到達点と展開方向』九州大学出版会、一九九九年、所収、をベースに加筆したものである）。

2　戦後国有林野事業の概要（国有林野事業改善特別措置法成立まで）

（1）敗戦から高度成長期

一九四五年の敗戦は国有林野事業に二つの大きな転換をもたらした。第一は戦前期国有林が内地国有林（所管は農林省）北海道国有林（同内務省）、御料林（宮内省）、植民地国有林（拓務省）の四省により分割管理されていたものが、植民地の喪失、御料林の廃止という変化の中で農林省に一元管理されたこと（これを「林政統一」という）、第二は国有林野事業の会計制度が一般会計から特別会計、しかも独立採算制を前提とするそれに転換されたことである（一九四七年）。

この二つの転換は、戦前期国家財政に大きく寄与してきた国有林が、植民地喪失に伴う国有林面積の大幅な減少（六割減）、戦時における軍需資材として木材の大量供給と伐採跡地の未植林による森林資源の劣悪化のもとで、国家財政に負担をかけずに「企業的に運営」（国有林野事業特別会計法第一条）しなければならない、という条件に対応するものであった。こうして国有林野事業は、戦前期から国有林経営の一つの原則であった保続主義（持続的森林利用）と、独立採算制度そのものが至上命令とする「収支均衡」という二つの条件を、厳しい資源構成のもとで満たすことを義務づけられた。

敗戦～戦後復興期にあっては、「膨張した木材需要の圧力から、いかにして森林資源を保護し、失われようとした森林の国土保全機能を回復せしめるか」という「国土保全的色彩の強い林政」も内包していた。しかし、高度成長期に入ると、保続原則と収支均衡という二つの課題は、もっぱら後者に偏倚《へんい》していった。このレールを敷いたのが一九五七年「国有林生産力増強計画」（林増計画）、これに呼応した一九五八年「国有林野経営規定」の改正、さらに「木材増産計画」（木増計画）である。これらの計画は、従来の、実際に成長した木材の材積分だけを伐採するという「現実成長量主義」を改め、高齢でほとんど成長が見られない広葉樹を伐採し針葉樹に植え替えていけば（これを「林種転換」による「拡大造林」という）、将来大幅に増大した成長量が見込まれるであろうという「見込み成長量主義」に転換させ、その増大した成長量を現段階で伐採できるというように、「過伐」（切りすぎ）を合理化したのである。こうして「森林生産力の大幅な増強」、「できる限り多量の木材を供給しうる力量をもつことが国有林がとるべき最重点方針」とされていった。（林野庁監修『国有林野経営規定の解説』、一九五九年）。

実態的にも一九四六年～五五年度の年平均木材伐採量は一四〇八万立方メートル、五六～六〇年度は一八五六万立方メートル、六一～六五年度は二二二五万立方メートルと急増し、以降七〇年代初頭まで年間二〇〇〇万立方メートル前後が伐採し続けられた。これを年間木材成長量との関係でみれば、成長量の約二倍が伐採され、保続原則は完全に形骸化《けいがいか》された（図3―1）。

一方、国有林野事業の財政は、この間おおむね黒字基調で推移し、七四年度には累積損益で最大の一五七六億円の利益が計上された（表3―1）。しかし、独立採算制にもかかわらず、これらは内部留保あるいは国有林野事業の拡充に全面的に使用されるのではなく、一般会計への繰り入れ四七〇億円、森林開発公団への出資四五四億円、治山事業一四四四億円が、「林政協力」の名目で一般会計に肩代わりさせられた。「国

図 3-1　伐採量と成長量の推移

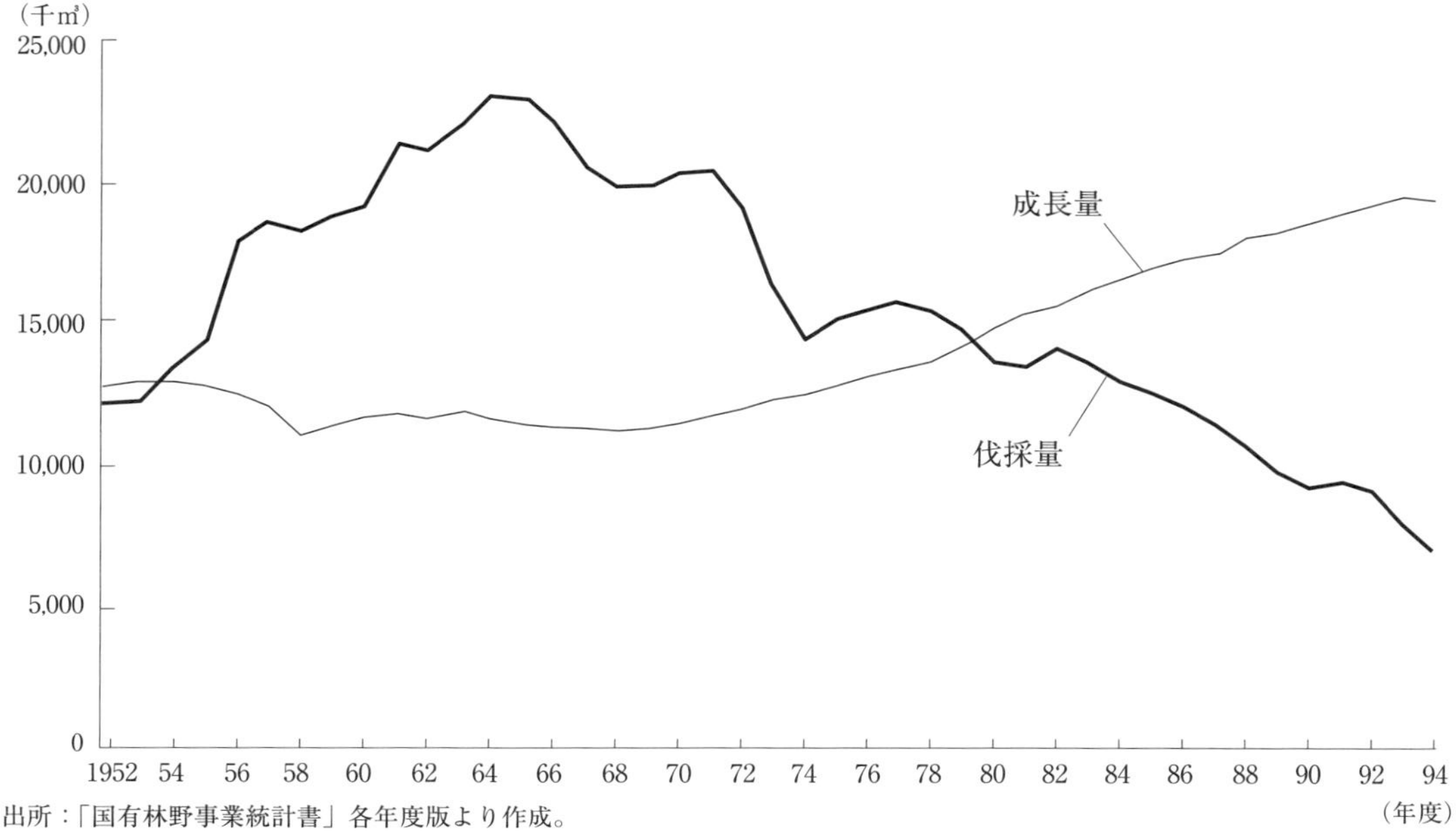

出所：「国有林野事業統計書」各年度版より作成。
拙著：『森と人と環境』、新日本出版社、1997 より引用

表 3-1　損益・利益処分等の推移

（単位：億円）

年度	損　　益		利益の外部処分	借入金
	当年度損益	累積損益		
1947	1	1		9
48	2	3		15
49	0	3		
50	14	17		注 1　30
51	94	111		
52	51	162		
53	60	190	32	
54	△ 121	69		
55	3	72		
56	38	110		
57	88	198		
58	11	209		
59	△ 18	181	10	
60	118	288	11	
61	236	501	23	
62	56	527	30	
63	59	544	42	
64	39	533	50	
65	△ 3	485	45	
66	206	647	44	
67	260	856	51	
68	197	1,032	54（33）	
69	2	1,009	61（36）	
70	△ 122	860	70（13）	
71	△ 356	474	79（49）	
72	△ 43	403	87（59）	
73	959	1,362		
74	214	1,576		
75	△ 135	1,441	85（85）	
76	△ 504	937	102（102）	400
77	△ 907	30	47（47）	830
78	△ 991	△ 961		997
79	△ 319	△ 1,280		1,180
80	△ 657	△ 1,937		1,340
81	△ 1,472	△ 3,409		1,400
82	△ 1,060	△ 4,469		1,700
83	△ 699	△ 5,168		2,070
84	△ 868	△ 6,036		2,270
85	△ 786	△ 6,822		2,320
86	△ 159	△ 6,981		2,370
87	△ 542	△ 7,523		2,558
88	△ 535	△ 8,058		2,700
89	△ 436	△ 8,494		2,700
90	△ 719	△ 9,213		2,640
91	△ 1,177	△ 10,390		2,988
92	△ 1,060	△ 11,450		2,979
93	△ 1,066	△ 12,516		3,508
94	△ 1,242	△ 13,758	注 2　累計	3,136
95	△ 1,318	△ 15,076	923（454）	2,969

注 1：1950 年度の借入金額欄 30 は、米国対日援助見返資金からの繰入金である。

　2：利益外部処分欄の（　）は、森林開発公団への出資金で内書きである。

出所：林野庁業務資料より作成。

拙著『森と人と環境』、新日本出版社、1997 より引用家財政の負担回避」どころか、「国家財政への寄与」が課されてきたのである。

（2）低成長期

高度成長期における国有林野事業の増伐・過伐「合理化」路線は、低成長期に入ると、七二年一二月の林政審議会答申「国有林野事業の改善について」、七三年の「国有林野における新たな森林施業」に沿って、減伐「合理化」路線へと転換された。その骨子は、伐採量の縮減、皆伐施業における一伐採区画の縮小、保護樹帯（伐採地と伐採地の間に残す帯状の森林）、亜高山帯などにおける天然林施業の採用、「事業縮小に見合った人員調整」などである。

それは、一面では、従来の大面積皆伐＝一斉単純人工造林は「自然破壊だ」という世論の批判にこたえつつも、これを逆手に事業量を縮小し、「天然林施業」と称して森林造成における手抜きと同時に人員削減もすすめるというものである。成長量と伐採量の関係を前掲の図3―1で確認すれば、成長量を大幅に伐採量が下回り、年々その差が拡大していることが一目瞭然であろう。

さらに注目すべきは、伐採後の森林の更新（再生）方法である。高度成長期以降の更新の中心は「拡大造林」といわれる広葉樹林伐採跡にスギ、ヒノキ、カラマツなどの針葉樹を人工造林する方法であった。しかし、七三年度を境に人工造林から「天然更新」に明確に転換され、以降は天然更新の割合が高められていった。しかも、天然更新でも、伐採すれば後は母樹から落下した種子が自然の力で成長することを期待する、換言すれば、更新に全く人手も資金もかけない「天然下種更新第Ⅱ類」（「天Ⅱ施業」とされ、国有林野事業のみに使われる特殊用語）が約九割を占めるというように、完全な手抜き・放置施業が行われた。

それにもかかわらず、国有林野事業の財政は七〇年代に入ると損失が慢性化し、七八年度には累積損益でも遂に損失を計上することになった。七六年度からは借入金（主に財政投融資資金）まで投入されることになってしまったのである。こうして、「収支均衡」を最大の課題としてあらゆる手段を講じるために、七八年度成立の国有林野事業改善特別措置法（「改善法」）とこれに基づく「国有林野事業の改善に関する計画」（「改善計画」）による新たな段階（＝国有林野事業の解体）に突入していった。この内実はきわめて重要であるので、章を改めて詳述しよう。

第4章　「改善法」・「改善計画」による国有林野事業の解体と「民間委託」

一九七八年、国有林野事業改善特別措置法（「改善法」）の制定とこれに基づく「国有林野事業の改善に関する計画」（「改善計画」）が策定され、ここから本格的な国有林野事業の解体、すなわち、「民営化」がスタートした。「改善法」と「改善計画」の最大の特徴は、以後二〇年間（一九九七年度まで）に「収支の均衡を回復する」ことを最重要課題とし、徹底的な収入確保と支出削減を図っていける体制を最初の一〇年間（これを「改善期間」と称した）で整備していく、というところにあった。そのための手法こそが、「非効率」な国有林野事業の直営・直用（直接管理経営すること、そのために労働者を直接雇用すること）部分を最低限に縮減し、森林組合や林業会社などの民間事業体に安上がりに請け負わせていくという「民営化」にほかならなかった。

1　財界による国有林「改革」のビジョン

「改善法」と「改善計画」の策定以来、国有林野事業に関する財界＝大企業からの「改革」ビジョンが、短期間に相次いで提起され（表4―1）これらに沿った「改革」が急速かつ強引に推し進められていった。最初に、それらビジョンに共通する特徴を要約的にしめせば、およそ次の通りである。

①国有林の「財政再建」＝「赤字対策」を最大の口実とし、国有林の公共性（国民的公共性）はまったく無視ないし軽視されている。

②「官業非能率」論にもとづき国営部分の極限までの限定化、したがって機構縮小、人員削減と山づくりのコスト削減を狙った「民営化」または「民間活力」（民活）の推進（事業の「民間委託」、財界の「黒幕」といわれた中山素平私案では分割民営化という文字通り「国有林解体案」にまでいきついている）が提唱されている。

表 4-1　財界の提言・答申の特徴

年月	提言・答申	その特徴
1978.9	「国有林野事業の改善に関する計画」（改善計画）	機構統廃合、人員削減、請負化＝「民営化」本格化
82.9	日本経済調査協議会「森林・林業政策について—21世紀への展望」	行政と民業部門の分離、一切の直営事業廃止
83.3	第二臨調最終答申	国の行う業務は必要最小限、事業実行は民間事業体、地元労働力
83.9	林政審国有林部会中間報告「国有林野事業の改革推進について」	立木販売指向、請負化促進、直用事業の調査、高度作業等への特化
84.1	林政審「国有林野事業の改革推進について」	88年度までに5.5万人→4万人、3,000億円の土地売払い
84.6	新「改善計画」	84年林政審答申をそのまま継承、天然更新へ大きく傾斜（今後10年間天然更新69万haに対し人工造林36万ha）
85.2	経済同友会「21世紀に架ける緑のニュー・スキーム」	専業的林業経営体育成。国有林では行政機構と独立した組織体への移行
85.8	林政審「森林の危機の克服に向けて」	複層林、天然林施業の重視、費用負担（水源税等）、企業の林地取得、金融機関による森林信託
86.3	中山素平「国有林野事業の改革について」	分割民営化（6営林会社-電力、私鉄等参加の第三セクター）、営林会社は資産処分権を有す
86.8	林政審国有林野部会中間報告「国有林野事業の改善に関する計画の改定・強化について」	93年度までに人員6割削減（4.6万人→2万人）、森林を機能別に8区分

③「民活」または「収入確保」の名のもとに、大企業には土地・林野の切り売り、木材資源の放出、観光投資・金融投資（森林信託）の場の提供などが狙われている。
④国民には水源税・入山料などの受益者負担、分収育林による資金の引き出し（「緑のオーナー制度」はまさにこれである）を強要している。
⑤地元住民には部分林・共用林野利用の締め出し、安定雇用の場の剝奪《はくだつ》が押し付けられている。

まさしく財界奉仕と国民・地元住民・国有林労働者不在の国有林「改革」ビジョンである。これが「臨調・行革」型の「国家改造」における国有林版であることは明白であろう。

本章では、こうした「国有林解体」を狙う財界のビジョンがどのように実行されているかの実態と、巧妙に仕組まれた解体メカニズムを、一九八〇年代に行った調査をもとに明らかにするとともに、この路線に歯止めをかけ、国有林の国民的公共性をとりもどす真の国有林改革の方向性を展望しようとするものである。なお、この時期に導入された国有林野事業の解体メカニズムは、その後、表4—2の中の九一年七月「第四次改善計画」にも引き継がれ、ついに九八年、「国有林野事業の改革のための特

表 4-2　国有林野事業の「改善」に関する提言・答申・法律など

年月	提言・答申	その特徴	債務残高	職員数（うち定員外）
			億円	千人
1978.9	「国有林野事業改善特別措置法」の制定 「国有林野事業の改善に関する計画」（第1次「改善計画」）	1997年度までに収支均衡回復、改善期間1978～1987年度、機構統廃合、人員削減（現在6.5万人）、請負化＝「民営化」本格化	2,200	65 （30）
84.6	新「改善計画」（第2次）	改善期間1984～1993年度、天然更新へ大きく傾斜（今後10年間天然更新69万haに対し人工造林36万ha）、担当区事務所の統廃合、レク事業は収入確保策 分収育林（緑のオーナー制度）導入	（83年） 5,200	48 （21）
87.5	「国有林野事業改善特別措置法」の改正	保安林等の保全経費に一般会計から繰入れ 償還金の借換え 借換資金に対する一般会計からの利子補給	（88年） 8,100	40 （17）
87.7	改訂「改善計画」（第3次）	林業生産部門での最大限の収入の確保と支出の抑制、直用事業の特化4.3万人→2万人 ヒューマングリーンプランは重要事業		
91.4	国有林野事業改善特別措置法の改正	収支均衡年を1997年度から2010年に延長 2000年までに経常事業部門の財政健全化 一般会計からの事業勘定への繰入れ対象拡大、土地売払い収入等の累積債務処理への充当 58歳未満退職者への特別給付金の支給		
91.4	森林法の改正	流域管理システムのための森林計画制度の改正 森林整備事業計画制度の創設 森林整備協定の締結		

		特定森林施業計画 森林施業代行制度	25,000	28 (11)
91.7	新たな「改善計画」(第4次)	収支均衡2010年度 改善期間1991～2000年度 流域管理システムの確立、森林の機能類型に応じた管理経営、別途財源措置、森林都市の形成 93年度までに3.1万人→2万人、以降必要最小限の要員規模に 2010年度までに1兆3,000億円の売払い収入		
98.1	「国有林野事業の改革のための特別措置法」制定(「国有林野事業改善特別措置法」の廃止) 「国有林野法」の改正(「国有林野の管理経営に関する法律」に名称変更)	独立採算制を前提とした企業特別会計制度から一般会計繰入を前提とした特別会計制度に 2003年度までを集中改革期間 伐採・造林・林道開設のすべてを民間委託 職員数は最小限 債務3.8兆円のうち2.8兆円を一般会計に移管 1兆円は特別会計に継承し50年で処理 5年毎に10年を1期とする管理経営基本計画、5年を1期とする地域管理経営計画を定める	38,000 ↓ 10,000	12 (4.6)
99.3	「農林水産省設置法」の改正(98年10月)による組織再編	本庁管理部、業務部を国有林野部に 14営林局(支局)を7森林管理局に 229営林署を98森林管理署に再編		
04.3	「集中改革期間」終了		13,000	7.6 (2.3)

注：各答申書等から作成

別措置法」の制定と、「国有林野事業改善特別措置法」の廃止によって、独立採算制を前提とした企業特別会計制度から、「一般会計からの繰り入れを前提とした特別会計制度」に、そして最終的には二〇一三年度、全面的な特別会計制度の廃止と一般会計制度への転換をもって終焉《しゅうえん》をむかえた。

2　国有林解体の実態

国有林経営は「改善計画」下で機構縮小、人員削減、施業の放棄ないしは手抜き、土地・林野の切り売りという形で存立そのものが危機にさらされた。具体的にそのやり方を検証すれば次の通りである。

(1) 機構縮小

林野庁本庁組織の再編成とともに、営林局(今日の森林管理局)については北海道四営林局の統廃合、長野営林局と名古屋営林局の統廃合によって、一四局が九営林局に、営林署(森林管理署)は一九七八年度の三五一から九六年度の二六四に、事業所数は同期間に一二一四から七一へ、「聖域」とされた担当区事務所(森林事務所、山づくりの最前線)も二三三三から一二五六へ、山村・過疎地域の医療を担ってきた病院・診療所も一六からゼロへ削減された。その後も今日まで機構縮小は実行され、二〇一四年度現在、森林管理局七、森林管理署九八などになっている。

これら機構の統廃合は、「効率性」「企業性」——換言すれば「黒字」なのか「赤字」なのか、また「赤字」が多いか少ないか——に、最大の基準が置かれている。事業所統廃合の仕組みを例示すれば次のようになっている。すなわち、全国の事業所を「収支係数」と「相対生産性」とを基準に五段階(A~E)に区分し、Eランク(最低層)の事業所は無条件廃止、C・Dランクにあっては改善の見込みのない事業所は廃止する、というものである。

このため労働者は、自らの職場を守るためには否応なく「生産性」向上に向かわざるをえなくなっている。労働強化か事業所廃止かの二者択一が迫られているのである。この結果、年間の「林内生産性」（木生産量／定員内・外雇用量）は七八〜八二年度の間に一・〇八立方メートル／人から二・二五立方メートル／人まで年々上昇し、A・Bランク（上位二者）とされる事業所の全事業所数に占める割合も、同期間に三六パーセントから八〇パーセントに急増している（林野庁業務課資料より）。

しかし、このような事業所統廃合を盾にした労働者に対する労働強化策は、他方で振動病対策として導入された、チェーンソーを直接握らず伐倒木に架台を取り付け、そこにチェーンソーをセットしてリモコンで操作するというやり方にまで影響を及ぼしている。というのも、このやり方（架台付きチェーンソーによる伐採）は、必ずしも「効率的」ではないので、リモコンチェーンソーの「架台はずし」や不使用を労働者に誘発させており、再び振動病増大の危険性を増大させてきたからだ。

（2）人員の削減

六〇歳定年制の施行と定員内職員の採用抑制、定員外職員の採用「原則停止」（労資協定による）によって人員の削減は猛烈な勢いで進められている（表4―2の右側を参照）。一九八六年八月の林政審議会答申は、九三年度までに六割の人員削減（四・六万人→二万人）を提示した。

もし、国有林の現場事業を担う「基幹職員」（国有林の労使交渉で一九七八年度に発足したもの。「臨時」「定期」雇用という不安定雇用から正規雇用に準ずる職員に転換された）が、六〇歳で定年退職し、補充が全くないとすれば、彼らの年齢構成からすれば八四年度の一・九万人は、一〇年後には八〇〇〇人に、二〇年後には二〇〇〇人程度まで削減されてしまうことになる。現実にもほぼこの予測のように進行していった。（最終的には二〇一五年度の「基幹職員」の新しい名称である「森林技術員」は二一三人となっている）

国有林の生産的労働者がこのように削減されていけば、その後国有林の施業を担うのは民間林業労働者をおいてほかになく、ここに森林組合などの民間林業事業体への請負化が全面的に達成されることになった。民営化・「民活」化の完了であり、財界の狙いもまさにここに存したのである。

（3）施業の放棄

一九七三年の「新たな森林施業」以来、国有林施業の手抜きないしは放棄の〝隠れ蓑〟となってきたのが「天然力を活用」した天然林施業の拡大であった。しかし、「天然林施業を一層推進し、投資の効率化を図る必要がある」（一九八四年林政審議会答申）、「最小の費用投下によって、最大の公益性と経済性の発揮を目的とした施業を行う」（八六年林政審議会答申）など、その後〝蓑〟をかなぐり捨てて「手抜き施業」に邁進《まいしん》した。八四年の「新改善計画」によれば、以後一〇年間の更新面積は、再造林も含めて人工造林は三六万ヘクタールにすぎないのに対し、天然更新は六九万ヘクタールと圧倒的に多くなっている。

このようにして一九八〇年代半ばに、天然林施業の名のもとで進められた施業放棄の実態を、長野営林局A営林署の事例でみてみよう。

①「伐採種」変更に伴う施業放棄

八五年度から皆伐予定地を漸伐（七〇パーセントの面積を伐採し、残り三〇パーセントは漸次伐採して、この間に天然更新が可能だとする更新方法。実際には更新困難）に伐採種を変更するという新たな事態が生じた。その面積は八五年度三ヵ所、計二六・一八ヘクタール、八六年度一ヵ所九・五〇ヘクタールである。これらの森林は、皆伐―新植の予定地であったものを、伐採種を漸伐に変更するだけで、更新は新植から「天然下種更新」（しかも天Ⅱ施業）に切り替えられ、伐採完了即更新完了というマジックが行われている。

②皆伐地区での造林手抜き

八五年に立木処分された一〇ヘクタールの森林は、皆伐―新植予定地で、従来ならヘクタール当たり三〇〇〇本～三五〇〇本のカラマツが新植されるところであった。しかし、実際にはヘクタール当たり一五〇〇本が植えられたにすぎない。皆伐―人工造林に代えて皆伐―天然更新が大幅に導入された結果である。

A営林署では「一ヘクタール当たりの立木価格一〇〇万円以下のところは伐らな

い」「皆伐は地位のいいところ」（成長がよく材積が大きいところ）「漸伐によって高価格材（ヒノキなど）を集中伐採し、後は放置」という「施業」が広がっていった。

（4）土地・林野等の切り売り

一九八四年林政審議会答申は、土地・林野、官行造林の国有の持分及び部分林の売り払い、分収育林制度の早期導入、第三セクターなどの積極的活用による森林レクリエーション事業（観光開発）の推進、貸付料収入の増大など、「可能な限り資産の処分を行い」「昭和六三年度まで（の四年間―引用者注）に過去五ヵ年間の実績約一〇〇〇億円のほぼ三倍程度の収入確保」を図ることを国有林に義務付けている。

この方針に従って、八四年度以降、林野庁所管の林野および土地の切り売りが増大し、年間七〇〇億円以上――八六年度はとくに多く一一〇〇億円――にも達している。また、八五年度分収育林収入六六億円などの実績を得ており、さらに八六年度からは二七・一万ヘクタール、一兆一七〇〇億円の売却計画が決定されるなど[注1]、国有資産の食い潰しが本格化していった（詳しくは拙者『森と人と環境』を参照されたい）。

3　国有林解体のメカニズム

すでに若干触れたところであるが、国有林解体の巧妙かつ欺瞞《ぎまん》的な手法を、さらに敷衍《ふえん》し整理しておこう。

再び九三ページでふれた一九八〇年代半ばのA営林署の事例で検討すれば、およそ次の通りである。かつて奥地正氏は、国有林経営の「合理化」に関し、第Ⅰ期（一九五〇年代中葉～六一年）から第Ⅱ期（六二年～六〇年代末）にかけて、伐出生産組織は一五～二〇人から八人の「生産班」（一つの労働グループでこれを「セット」と呼んでいる）へとドラスティックに圧縮」されたとしたが、[注2]A営林署にあっては、八〇年頃から「全幹集材」（伐倒した木を三メートル、四メートルなどに玉切りしないで、一本の木をそのまま引き出す）の導入によって、一セットが「玉切り作業員」の削減で六人（いずれもチェーンソー使用が可能な労働者＝チェーンソーマン）に一層圧縮された。さらにまた、定年制施行と退職後不補充の措置、および五五歳以上者のチェーンソー不使用という労働協約の下で、高齢化→チェーンソーマン不足となり、ついにセットが維持できなくなった。

こうしてA営林署管内のO製品事業所（＝伐出事業所）では、八四年度に一セット、八六年度にも一セットが消滅したのである。O事業所に残された一セットもチェーンソーマンはわずかに二人で、セットの維持が困難な状況に追い込まれた。もう一つのM製品事業所にあっても、二セットが維持されていたもののチェーンソーマンは五人ずつで、八七年度には二人が五五歳を超えチェーンソーが使えなくなる。どんなに「生産性向上」が至上命令とされても、こうしたセット編成での生産実行は無理というものである。先述の事業所統廃合の基準に沿って、八五年度についにO事業所はM事業所に統廃合されてしまった。

以上のような具体的実態を念頭におき、国有林解体のメカニズムを描きだせば、およそ次のようになろう。

①前提……累増する国有林経営の「赤字」（累積債務）を克服するための「財政再建」が「改革」の突破口として位置づけられ、臨調型「財政再建」の手法である「民

営化」が基本路線として前提される。当然、対極として「国営」部分の否定ないし縮小、すなわち、機構縮小、人員削減が絶対化される。他方、森林施業については、過去の大面積皆伐→一斉人工造林に対する国民的批判を逆手にとって、「減伐」や「広葉樹重視」、「複層林造成」（主として針葉樹と広葉樹の混交林）など、「天然林施業」への転換が「合法化」される。こうして、臨調答申と国民世論誘導を背景として、経営形態と森林施業の転換が「改革」の手段として位置づけられる。

②国有林解体の第一段階……機構縮小と人員削減を強行しつつも、「支出削減」のために「経費をかけない施業」を余儀なくされる。天然林施業は手抜き施業の手段と化す。伐採種では、択伐（抜き切り）、漸伐のみならず、針葉樹人工林にまで天然更新が拡大される。皆伐予定地の漸伐への伐採種変更、人工林皆伐跡地の新植本数の削減などが実際に行われ、「収入確保」のための伐採（高価格材の集中伐採など）と「費用をかけない」更新がひたすら追求される。当然造林労働者の削減が可能となる。

一方、製品（伐出）事業にあっては、定年制施行、退職後不補充によって労働者の高齢化は確実に進行し、五五歳以上者のチェーンソー不使用という制限も加わって、セットの維持が不可能となる。労働者の職種間流動化（たとえば伐採手の造林手への移動）とともにセットの統廃合（当然職場間流動化を伴う）が「非効率」事業所の統廃合と一体となって進められる。

③国有林解体の第二段階……森林施業の手抜きと直用労働者の削減に対応して、「民営化」が進行する。国有林労働者の高齢化に伴う「自然減」にまかせたとしても、ほぼ三〇年後には直用労働者による森林施業は全面的に不可能となる。ここに国有林経営の「民営化」が完了する。

しかし事態の推移はこれほど悠長なものではなかった、一九九〇年代末には国有林施業は全面的に森林組合などの林業事業体に「民間委託」となり、二〇一五年度には国有林の職員数四一八八人、現場作業の労働者＝「森林技術員」は二一三人となっている。

4　国有林の「赤字」の本質

国有林野事業の「改革」の突破口がその「財政再建」、すなわち「赤字」問題にあることは前述のとおりである。そこで、ここでは「赤字」の真因を検討してみよう。

国有林野事業特別会計は一九七五年度以降、「赤字」基調で推移し、年々「赤字」幅も増大傾向にあり、「改善法」がスタートする七八年度には累積債務が二二〇〇億円となった（前掲表3―1及び表4―2参照）。一九八四年度末には欠損金の累計六〇〇〇億円、債務残高は一兆一〇〇〇億円を超えるところまで至った。林野庁の当時の「長期収支計算」（八四年の林政審議会提出資料）によれば、一応一九九七年度までに「収支均衡」を回復するとしているものの、同年度の債務残高は二兆円を超えるとされており、「改善計画」による財政再建はもともと不可能であることは明らかであった。では、このような国有林経営の「赤字」＝財政危機をもたらした原因はどこにあるのであろうか。

第一の要因は、国有林野事業が「独立採算制」をとっているにもかかわらず、一般会計への繰り入れ並びに「林政協力費」なる一般会計の肩代わり負担が長年にわたって押し付けられてきたことである。具体的には、一九五三～七七年度（七八年度以降は特例措置によってこれらの利益処分はなくなる）の累積額は、一般会計への繰り入れ四七〇億円、森林開発公団への出資四五四億円、治山事業費一四四四億円、保安林の買い入れ四億円、合計二三〇〇億円以上にも達している（いずれも林野庁業務課資料）。これらの財政措置は六〇年代に集中しているが、それを可能にしたのは、「高度成長」期における木材成長量の二倍にもなる過伐（資源の先食い）[注3]にほかならない。こうして国有林は、紙・パルプ資本への安価な原料供給と国家財政への寄与という二大使命を果たしつつも、他方で将来的な「赤字」の素地を自ら作り出していったのである。

第二は、国有林財政の悪化に対しては、国の一般会計からの負担を回避し、財政投融資資金からの借入金を充当したことである。一九七六～八三年度における国有林野特別会計への借入金合計九九一七億円に対し、同期間の一般会計負担分はわずかに四七六億円で、借入金の二〇分の一以下にすぎない。そのため、八三年度でみれば、償還金二一五億円、借入金利子六四二億円、計八五七億円が借入金返済額であって、この額は同年度の事業収入二九八二億円の二八・七パーセントにたっしている。

財投資金の融資条件は、林業経営にとっては実情とかけ離れた、きわめて不利なものである。例えば、これを民有林業への融資制度の根幹を占める農林漁業金融公庫の融資条件と比較した場合、造林では返済据え置き期間五年（公庫では二〇年、以下同様に表示）、償還期間二五年（三〇年）、林道では返済据え置き期間はともに三年ながら、償還期間は一〇年（二〇年）、金利は七・三〇パーセント（四・五パーセント）といったように、据え置き期間、償還期間、金利のいずれも格段に厳しい条件となっている。

しかも、国有林は七七〇万ヘクタールのうち保安林三七八万ヘクタール、自然公園二一六万ヘクタールなどで、通常の施業の制約（主として伐採に関し、禁伐や伐採面積の制限）を受けるとともに、部分林、共用林などで地元住民の利用に供する林野二〇〇万ヘクタールを抱えるなど、公共的役割を果たすことが強く求められているのである。

世界の主要国の国有林会計制度と比較しても、西ドイツ（当時）、アメリカ、カナダは一般会計制度をとっており、森林基金によって特別会計制度的に運用されているイギリスの場合でも、多額の国庫金が繰り入れられているのであって、[注4] わが国の国有林はひときわ財政的悪条件下に置かれているといえよう。

第三に、国有林会計制度としては不適切な「独立採算制」をとった上に、「単年度決算」をするという会計制度上の問題も見逃すことができない。林業は、いうまでもなく四〇～五〇年の生産期間を要し、国有林のみならず、わが国林業全般が当時ちょうど伐採年齢の中間的時期で、保育ないし間伐期に概《おおむ》ね差しかかっているところであった。収入に対し支出が超過するのもこの点ではむしろ当然のことである。それを単年度ごとに「赤字」を計上し、しかも先述のように融資条件が劣悪な財投に依存させていること自体、林業の資金循環に全く不適当な措置といわざるをえない。

以上は、国有林経営「赤字」の独自的要因であるが、わが国林業全般を「構造不況」ないしは「林業危機」に陥れている外材依存体制と当時の円高不況が七五年以降、国有林財政を決定的破局に導いた最大の要因であることはいうまでもなかろう。

国有林野事業は、こうした構造的な赤字の要因を内包しつつ「改善法」と「改善計画」を強行していった。その結果、前述（第2章）のように、一九九八年、累積債務を三兆八〇〇〇億円に膨れさせ、自力では返済不能となった。そこで、債務のうち二兆八〇〇〇億円は一般会計負担（国民負担）に転嫁し、残りの一兆円を国有林野事業特別会計に継承するとともに、独立採算制（企業特別会計）を廃止した（第一次破綻《はたん》）。さらに、国有林野事業特別会計に引き継がれた一兆円の債務はその後も年々増大し、二〇一三年度にはついに特別会計制度も廃止、一般会計制度への全面的な転換（第二次破綻）となり、今日にいたっている。

国有林野事業を、戦後永きにわたって「国民の山」としてではなく、「国家の山＝財界奉仕」を第一義として展開し、国の財政負担の回避や借金財政依存の中に放り出した結果、膨大な借金と手入れ不十分な国有林という「負の遺産」が国民に残されたのである。なお、誤解がないようにさらに敷衍《ふえん》しておけば、国有林野事業特別会計が一般会計に転換された時の累積債務（借金）の処理方法は、第一次破綻時は二兆八〇〇〇億円が一般会計にそのまま付け替えられたが、第二次破綻の時には、一兆円の一般会計への付け替えは行い、残った約三〇〇〇億円は「国有林野事業債務特別会計」に引き継ぎ、今後、ここが国有林所管の土地・林野などを売却した収入で返済していくことになった。

これは、旧国鉄が一九八七年、ＪＲに分割民営化された際に、債務総額三七兆一〇〇〇〇億円のうち、一一兆六〇〇〇億円を本州のＪＲ三社が負担し、残りの二五兆五〇〇〇億円は「日本国有鉄道清算事業団」が引き継いだのと、金額の多少を別にすれば、まったく同じやり方である。ちなみにこの国鉄の事業団の顚末《てんまつ》は、債務処理はまったく進まず、最終的には一九九八年に二四兆二〇〇〇億円を国が引き継ぐ（結局は国民負担）ことになったことを付言しておこう。

5　国有林の公共性と公益性をめぐる諸問題

森林が木材生産的側面としての経済性と、国土保全、水源涵養《かんよう》、保健休養的側面としての公益性（広く国民に多くの便益をもたらす）をあわせもつことは、誰もが認めているところである。この場合の森林は、所有形態、あるいは経営形態に関係ないのであって、国有林であろうと私有林であろうと、二つの性格が森林そのものの属性として本来的に存在している。

ただ、国有林の歴史が端的に示すように、「高度成長」期には木材増産のために経済性が前面に押し出され、国土保全機能の低下、環境破壊など公益性が著しく侵害されたのに対し、「低成長期」以降には林業不況が長引き、国有林財政が悪化の一途をたどるにつれ、国民負担の地ならしとして水源涵用機能（水源税）、レクリエーション機能（入山料）などの重要性を標榜《ひょうぼう》しつつ公益性がしきりに強調されるというように、便宜的に一方が強調されることはしばしばみられた。しかし、国有林はいうまでもなく国家的企業であり、ひろくとらえれば、公共企業体であって、少なくとも「建前」としては、公共性の発揮が最大の使命とされている。

公共性とは、国民全体の便益に奉仕することが内実であり、かつての国鉄が過疎地を含め「国民の足」を確保することを使命としていたように、国有林でいえば「国民のための山づくり」を行う使命があるということになろう。国有林に即して具体的に述べれば、①林産物の計画的・持続的供給、②国土保全、水源涵用、保健休養などでの貢献（これが森林の公益的機能と一般にいわれているものである）、③国有林所在地域での貢献（以上三つは国有林自らが標榜する三大使命である）のみならず、④文化的・

学術的貢献、⑤林業技術、機械などの開発・普及など、多方面にわたって果たすべき役割（使命）があり、これらを私有林に求めることは無理である。

たとえば、①についても、たんに林産物を供給するという経済性だけでなく、計画的・持続的供給、あるいは安定供給であることによって国民生活での便益が増大し、公共的役割を果たすことになる。この点は、同じく経済性は存在しても、企業や林家の所得増大を最大の目的にした林産物の供給とはまったく性格を異にしている。②についても、私有林にあっても森林の存在そのものが一定の公益性（水源涵養や国土保全などの機能）を果たすことは当然であるが、国有林の場合、水源涵養・土砂流出防備・土砂崩壊防備などの保安林に多くの森林を編入し、それに見合った適切な施業（伐採の禁止や制限など）を行うことによって、国民の便益に供することを管理経営の主目的とすることが可能である。

臨調路線下にあった当時、国有林が果たすべき公共性に触れることはまったくなくなり、完全に公益性にすり替えられた。例えば、「国有林の公益性の名の下に非効率な体質が温存され、合理化努力を怠ることは許されない」（八四年林政審議会答申）などの言説は、本来なら公共性という用語を使うところである。国有林だからこそ発揮すべき公共性の公益性一般へのすり替えは、前述の国有林の「三大使命」あるいは「五大使命」という公共性の否定であり、国有林解体路線＝「民営化」の必然的な帰結でもある。しかも他方で「公益性」の名の下、「水源税」、「入山料」などの受益者負担導入を推進しようとする策動の一環であることも我々は見抜かなければならないであろう。

事実、こうした目論見は、その後形を変えて実現されてきている。一つには都道府県の「森林環境税」（二〇〇三年の高知県・岡山県が最初。「森づくり県民税」「水と緑の森づくり税」など、県によって名称は異なる）となり、個人に対しては年額三〇〇円〜一〇〇〇円、法人に対しては〇〜法人税の一一パーセントという、かなりの幅を持って課税が行われている。

これを全面的に否定するものではないが、県民への新たな課税（目的税）であることには間違いはなく、国の林業予算の不足分、とくに間伐費用を県民負担で捻出し森林整備を進めようとする側面をもつものであることは確かである。もう一つは、「自然休養林」（レクリエーションの森）で導入されている「駐車料金」などの呼び方で施設利用料（受益者負担で入山料の一種）を取るケースが増えており、例えば一九六八年に全国第一号の「自然休養林」として指定された「赤沢自然休養林」（長野県木曽地方）では、自家用車の駐車料金一回六〇〇円が徴収されている。

6　国有林再建の課題

いま国有林は、財界の国有林の解体・私物化と国民総負担、山荒しの道を突き進むのか、そして多くの限界を含みつつも戦後曲がりなりにも果たしてきた国有林の歴史的使命に幕を引くのか、それとも国有林の民主的再建を通じて「国民の山」としての公共的役割を一層発揮させていくのか、の二つの道の分岐点にさしかかっている。このことは、「改善事業」・「改善計画」時代の強引な「民営化」と山荒しの時も、そして一般会計制度に転換された二〇一三年度以降にあっても、基本的には同様である。

なぜなら、一般会計になったとはいえ、国有林の直用労働組織はすでに解体されており、施業（山づくり）は単価を切り詰めて民間林業事業体による請け負いに任せるしかなく、しかも林業関係一般会計は、二〇一四年度三八〇〇億円、二〇一五年度三六〇〇億円と削減（二〇一二年度は五四〇〇億円）されている上に、残された債務の処理をする「国有林野事業債務管理特別会計」（国鉄清算事業団の国有林版）が、今後も土地・林野の切り売りをすることになるからである。この帰趨《きすう》は、単に現在の問題にかかわるのみならず、二一世紀を通じて決定的な影響をもたらすことになろう。なぜなら、一旦荒らされた森林をとりもどすためには、一〇〇年以上の長い年月を必要とすることは歴史がすでに証明しているからである。

国有林の公共性（国民奉仕）の内実を豊かにすることこそは、国有林の民主的再建を前進させる方策であり、その早急な構築が文字通り国民的共通課題となっている。このための枢軸を列挙すれば、およそ次の通りである。

①公共性充実のための国有・国営機能の発揮、民有林の保安林・放置森林などの買い上げなどによる国有林の地域偏在の是正＝公共性における不平等の是正と高度発揮。

②林業関係一般会計の大幅増額（現在、国の一般会計予算の〇・三〜〇・四パーセントまで削減されたものを一パーセント程度に回復）により造林、保育、間伐、林道、治山などの森林の基盤整備の充実＝災害に強い山づくり。

③地域の自治体や住民と一体となった民主的な国有林の活用＝地域振興への寄与。

④国有林の平和的利用。国民の便益で最大のものは生命の安全性の確保である。これを破壊する国有林の軍事的利用[注5]、放射能汚染物質・毒物投棄、薬剤空中散布等の禁止。

注1　方丈洋一「転換期の林業と政府・独占資本」（『経済』一九八六年八月号）参照。

注2　奥地正「林業生産『合理化』と林業労働」（林業構造研究会編『日本経済と林業・山村問題』一九七八年）二七一～二七二ページ。

注3　岡村明達「林力増強計画の一断面」（『林業経済』№一三五、一九六〇年）参照。

注4　全林野労働組合編『緑はよみがえるか』一九八二年、一一七～一二〇ページ参照。

注5　国有林における軍事利用の拠点である沖縄の実情については、仲間勇栄「沖縄の森林と水問題」（『林業経済』№三六二、一九七八年）及び篠原武夫「沖縄県における保安林の歴史と現状」（『森林組合』№一五九、一九八三年）を参照されたい。

第5章　当初から破綻が明らかだった「緑のオーナー制度」

すでに第2章では、公有林野（市町村・財産区有林野）政策として先行し、直後に国有林野にも「緑のオーナー制度」として導入された分収育林制度がどのような森林・林業をめぐる状況下で創出され、どのような問題点を孕《はら》んでいたのかについて詳述した。さらに「緑のオーナー制度」に関わっては、第3章及び第4章で、その母体である国有林野事業の危機的・解体的状況について分析し、国有林野事業も「緑のオーナー制度」も破綻《はたん》せざるをえないことを見通してきた。本章では、さらに「緑のオーナー制度」そのものがもっている具体的な問題点を、林政審議会での議論などを踏まえながら指摘したい。

1　林政審議会等の議論で見る「緑のオーナー制度」創出の狙い

森林・林業に関する制度設計や法律制定時には、必ず林政審議会に諮問され、その答申をうけて政策が推進されていく。私の知る限り、この審議会はいわば「儀式」にすぎず、国政に根本的な異論を唱える審議会委員はいない、または、いてもごく一部で、体制に影響がないというのが、他の分野の審議会を含めても一般的であろう。

林政審議会で国有林への分収育林制度の導入が検討されだしたのは、一九八三年の第八回会議であった。ここで当時の田中恒寿林野庁業務部長（その後林野庁長官を歴任）が、国有林は、「若齢林分が非常に多いわけでありますので、収入を平準化する、手前に持ってくる。一番苦しいいまに収入を持ってくるために、本年民有林につきましては、分収育林制度が導入されたわけでありますけれども、この仕組みを国有林にも導入するよう検討してまいりたい」と述べている。

さらに「まさにこれ（分収育林制度の導入）は青田売りだというふうなご批判も一部ございましたけれども、多量の幼壮年齢造林地がありますので、その収入、保育経費を前倒しに持ってくるというような形で、二、三〇年後には伐期分収となるわけです。そうしますと部分林（前述の国有林を土地所有者とした分収造林――筆者）よりはるかに短い期間で収益分収が行われますので、資金的にも集めやすいという考え方」から国有林への分収育林制度導入を主張している。

これに呼応してS委員（著名な林政学者）は、「分収育林というのは二〇年生以上ぐらいですから間伐のことがあるとしても、普通撫育というのは終わっておるわけでありまして、結局入ってきたお金の分だけまるもうけといっては悪いんですけれども、一応使い道は考えなくてもいい。結局それだけのものが資金としてリザーブされるということです。ただ、将来伐期になったら分収はするんだと。こういうことですから、国有林としてももっと早く思いついてもいいことじゃなかったかと思う訳です。こういう事態ですから」「とにかくだんだんせっぱ詰まって、どうでも切り抜けなければならないというような状態でありますると、こういうことも極力進めなければいかんという気がいたしております」と発言している（第八回議事録より）。

この会議でのやり取りの中に、当事者の、「緑のオーナー制度」創出の狙いや期待が率直に示されている。第一に、「一番苦しいいま」「だんだんせっぱ詰まって、どうでも切り抜けなければならないというような状態」のなかで生み出された制度だということである。

この「苦しい」、「せっぱ詰まった状態」が何を指すかは、すでにおわかりだろう。再確認すれば、それは、前述のように、「収支均衡」を最大の眼目とした「改善計画」下で、収入の最大化、支出の最小化を果たすために、土地・林野の切り売り、「ヒューマン・グリーン・プラン」による国有林のリゾート開発、そして「青田売り」との指摘もあった「緑のオーナー」制度による「まるもうけ」の資金稼ぎがどうしても必要だったということである。

第二に、この議論の中で、費用負担者への配慮（元本割れのリスクなど）は全く検討外に置かれたということである。資金集めに汲々《きゆうきゆう》としていた状況が臨場感をもって読み取れよう。ただし、費用負担者の「分収益」についてまったく議論されなかったわけではない。一九八四年四月の参議院農林水産委員会で野党議員が、「費用負担者が分収して、その収益を当然期待するわけです。（中略）この分収益をどのくらいと国の方では見込んでおられるのですか」との質問をしている。これに対し、当時の後藤康夫林野庁次長（その後農林水産事務次官を歴任）は次のように答弁している。

「分収育林の利回りでございますが、（中略）仮に木材価格が全く現在と横ばい、変わらない、契約時点と同じだと仮定をいたしまして、林木の成長で例えば二〇年生のときに契約をいたしまして、伐採時までということで考えて標準的な試算をしますと、三パーセントとか二・七パーセントとか、そのくらいの数字がケースのとり方によって出てまいります。

そこにあと材価の上昇が何％乗るかということでございます。仮に材価の上昇を三パーセントとすれば六パーセント、四パーセントとすれば七パーセントといったような利回りに最終的になるわけでございます。したがいまして、分収育林と預貯金とどちらが有利かということは一概に決まらないわけでございますが、一般的に申しますと、やはり財産運用としての高利の利回りを期待するというよりは、インフレヘッジと申しますか、全般的な物価上昇があれば当然木材価格もそれに応じた上昇をしていくだろうという意味での、お金で持っているよりは物として持っているという意味でのインフレヘッジの要素が入ってまいると思います」。

この林野庁側の答弁には、明確な事実誤認や視野狭窄《きょうさく》的思考を指摘せざるをえない。第一に、一九八四年時点にもかかわらず、最終的な（二〇～三〇年後）の材価の上昇を「三～四パーセント」などと、全くありえない数字を想定していることである。当時の材価の趨勢《すうせい》は、スギ、ヒノキ、マツ（カラマツなど）どの樹種をとっても一九八〇年をピークとして大幅な下落傾向にあった（前掲図1―2参照）。もし、百歩譲って、一九八〇年をピークとして材価が三～四年低落してもその後上昇もありうると認識したとしても、二〇～三〇年後には「三～四パーセントの上昇」も、逆に「三～四パーセントの下落」（その後の推移はこれよりも著しく低下したのであるが）も想定するのが客観的・科学的というものである。明らかに作為的答弁だといわざるをえない。

第二に、一九八〇年以降の材価低落は偶然ではなく、六〇年代以降の「貿易自由化」と外材依存体制の必然的帰結であった、ということも強調しておきたい。経緯を年次的に概述すれば、一九六〇年六月の「貿易自由化大綱」、六一年六月に大綱の促進計画作成、旧来の輸入数量制限の撤廃とそれを制度化したＩＭＦ（国際通貨基金）八条国への移行、六四年四月にはＯＥＣＤ（経済協力開発機構）への加盟による資本自由化、七三年の為替の固定相場制（一ドル＝三六〇円）から変動相場制への移行

（構造的円高で外材輸入急増）、さらに八五年の先進五カ国によるプラザ合意や翌八六年の「前川レポート」（国際協調のための経済構造調整研究会報告書）に基づく異常な「円高・ドル安」への誘導、八五年二月の日米間「市場指向・分野選択型（ＭＯＳＳ）討議」開始と合意で二度にわたる関税の大幅引き下げなどなど、枚挙に暇《いとま》がない（詳しくは拙著『森と人と環境』、新日本出版社、一九九七年、参照）。

こうした外材依存体制の強化、自給率の低下を自ら創出しておきながら、「材価の上昇」を仮定して「緑のオーナー制度」を発足させ、これを費用負担者に「インフレヘッジ」になるかのように宣伝することは、「青田売り商法」、「国家的詐欺商法」と非難されても仕方があるまい。

２　「緑のオーナー制度」の費用負担者募集は何を訴えたか

本制度の費用負担者数は延べ八万六〇〇〇の団体・個人、契約総口数一〇万口、総額は約五〇〇億円にものぼる。なぜこのように多くの人々が参加し、また多額の費用が集められたのであろうか。このことを考察するために、林野庁や現場の募集窓口となった各地の営林署（現在の森林管理署）の募集パンフレットを見てみよう。最初に営林署のケースで具体的に示せば、以下の通りである。

①山崎営林署（兵庫県）

「長あ〜い緑の贈り物」「緑の話題は、人の心を豊かにします」「誕生・入学・卒業・就職・結婚などの記念に」「みどりの故郷とのつながりを……」「一口五〇万円で木の家一戸分の木材を育てる夢があります」「あなたも緑のオーナーになりませんか。前回公募一八〇口は契約完了しました」

②鹿児島営林署（鹿児島）

「思い出を、伸びる木とともにつくりましょう」、「長期契約の安全確実な資産としてお子さん、お孫さんへのプレゼントに!!」、「結婚記念・誕生日の記念にあなたも一口参加されませんか」

③奈半利《なはり》営林署（高知県）

「森林を育て　森林に遊ぶ」「歴史とロマンの『野根山街道』沿いで、緑のオーナーになりませんか！」「長期変動に強く、資産づくりに最適です」

④青森営林局・東京営林局

「子供や孫のために美林をはぐくんでいく『緑のオーナー』制度は、あなたの財産を形成しながら、わが国の森林を守っていくシステムです」「誕生・入学・卒業・就職・結婚などの記念に」「ひと足先の投資です」

また、林野庁作成のパンフレットには「国有林の分収育林（緑のオーナー制度）にはさまざまな楽しみがあります。参加いただいたみなさまと国有林が共同で育ててゆく森林が、水資源を育み、災害を防ぎ、動植物の保護など、さまざまな働きをして、私たちの生活に寄与することを考えると、大きなロマンと誇りが生まれてきます。契約いただく時には若い森林ですが、二〇～三〇年後には立派に成長して、例えばスギでは、一口で、おおむね一〇〇平方メートルの木造二階建ての住宅に使われる木材に相当する収益を受け取っていただけるものと思います。将来が楽しみな〝緑の資産〟といえましょう」と記述している。

ここでいう「一〇〇平方メートルの木造二階建ての住宅に使われる木材に相当する収益」とはどの程度の材積や金額かを検討して費用負担した方は、ほとんどいなかったと思われる。しかし、こうした喧伝《けんでん》とは全く異なり、後述するように費用負担者は負担額五〇万円の約六割、三〇万円しか受け取れず、「将来が楽しみな緑の資産」などとんでもなかったのである。

また、林野庁で作成されたパンフレットの中には「私も推せんします」として、著名な俳優、野球監督、作家、評論家などとともに、二人の林業関係の学者まで登場している。学者の推薦文は看過できないので、取り上げておこう

「（前略）最近、国民の皆さんの間で緑問題への関心が高まり、緑づくりに参加したいという要望も強くなっております。この分収育林制度は、こうした要望に応え、国民の皆さんの参加と協力によって緑の森林《もり》をつくろうとするもので、誠に時宜を得たものと思っております。誰もが参加でき、緑とふれあうことのできるこの新しい制度を通じて、多数の方々が緑豊かな国づくりに参加されることを願っております」（東京大学農学部教授）

「国有林の分収育林制度が発足して三年余、現在契約者が二万人を超えたときき『もりづくり』に対する国民の関心の強さに驚いています。（中略）世界的に森林の危機が叫ばれている今日、豊かな森林の造成は国民的課題というべきものです。この分

収育林制度にますます多くの人々が参加されることを期待します」（東京大学農学部教授）

この二人の東大教授は林政学や森林経営学に関わる、いわば専門領域の学者である。残念ながら、彼らにもこの制度の本質を見抜く力はなく、国の片棒を担ぐだけの存在となっている。パンフレットの中で躍っている「夢とロマン」「長あ〜い緑の贈り物」「誕生・入学・卒業・就職・結婚記念に」、「長期変動に強く、資産作りに最適」などの言葉、そして著名人や学者まで動員した宣伝活動を行い、林業の素人である都市住民を主たるターゲットとして契約の勧誘が行われれば、誰しも断ることは容易ではなかろう。まさに国家的詐欺商法といわざるをえない。

第6章　「緑のオーナー制度」裁判の概要と争点

「緑のオーナー制度」は、国有林野事業の「財政再建」策の重要な一環として位置づけられたこと、また、どのような方法で多数の費用負担者を募集してきたのか、などは、国有林野事業の歴史的展開を通して、すでに明らかにしてきたところである。本章では、①「緑のオーナー制度」の結末とその実態、②「緑のオーナー制度」裁判の経緯と判決の問題点、③これらの中でとくに問題だと思われる被告（国）の主張や判決文にみられる、「緑のオーナー制度が単純な仕組み」という理解について、研究者の立場から意見を申し述べておきたい。

1 「緑のオーナー制度」の結末——不落と元本割れが大半

本制度がスタートして一五年を経た一九九九（平成一一）年度から、国と費用負担者との分収が開始された。以降、二〇〇八（平成二〇）年度までの一〇年間に、七六七ヵ所の分収林の立木が売却されたが、そのうち七三二ヵ所、実に九五・四パーセントが「元本割れ」に陥り、平均分収金は三一万三〇〇〇円で、費用負担額五〇万円の六割強という状況であった。さらにそれだけではなく、入札に付したが落札者がいないという「不落」も続出した。国が公表している二〇〇六年度から二〇〇八年度までの販売結果は、以下のようになっている。

	売却件数	売却数（うち随意契約）	不落件数
二〇〇六年度	二三五	一六〇（三八）	七五
二〇〇七年度	二五四	一一一（二一）	一四三
二〇〇八年度	三六八	一五二（二〇）	二一六
合計	八五七	四二三（七九）	四三四

つまり、この三年間の合計でみれば、売却件数八五七に対し、売却できたのは四二三で、不落件数四三四（不落率五一パーセント）の方が上回るという結果である。し

かも売却されたものの中には、原則は公売であるがこれでは落札されず、特定の業者と相対《あいたい》で売買交渉をして買ってもらう随意契約も、売却件数四二三のうちに七九で二割近くを占めている。また、不落物件は売却のめどさえたっていなかったのである。

さらに、林野庁公表の「平成二四年度　分収木販売予定箇所及び販売結果」を整理してみれば、五〇万円口の総販売箇所三四二に対し、「販売できず」が二八五（八三パーセント）で、その内訳は「不落」二三九（七〇パーセント）、契約延長四六（一三パーセント）となっている。一方販売されたものの「元本越え」は一件もなく、半額の二五万円未満の箇所も二七（八パーセント）に上る。二〇一三年度〜二〇一五年度の公表分をみても、傾向に変わりはない。なんとも惨憺《さんたん》たる結果ではないか！

林業事情に詳しいとはいえない一般国民から、「夢とロマン」「子や孫たちへの贈り物」などの美辞麗句を並べて、貴重な資金を奪い取り、挙句の果てには二束三文にもならないような叩き売りをしたり、それでもほとんど売れなかったことに対し、なんの責任も感じず居直る国（官僚）、これを許せないとする被害者の心境は、察するに余りある。

2 本裁判の経緯と特質

この点については、正確を期するため、若干長くはなるが「緑のオーナー制度被害者弁護団（団長 弁護士福原哲晃氏）の「弁護団声明」の全文を引用させていただく。なお、この「弁護団声明」は、上告した大阪高等裁判所での判決がだされた二〇一六（平成二八）年二月二九日、当日のものである。

「本裁判は、国が、若年木であった山林の持分権を商品化して三〇年後に公売して得られる代金を配当するという『緑のオーナー制度』を創設し、昭和五九年以降平成一〇年までの長期間にわたって、林業の素人である都市住民に対して出資を募り、結果、大多数の出資者に多大な損害を与えたことに対し、制度の欠陥を明らかにするとともに、被害は国が募集時に十分な説明を尽くさなかったことにより生じたものであることを指摘して国の責任を追及し、出資者である控訴人（原告）らに対する損害の塡補を求めた訴訟である。

国は木材需要・木材価格が、制度創設当時にあって既に長期下落傾向にあり、将来的にも下落が予測可能な状況にあったにもかかわらず、破綻《はたん》状態にあった国有林野事業の財政を救済するために、将来の資産価値やインフレヘッジ等のメリットを強調し、他方では、木材需要・木材価格の動向や同商品に内在する分収価格評価の特殊性やリスクについては何ら説明することなく国民の国に対する信頼を利用し、募集を停止するまでの間に約八万六〇〇〇人の国民から五〇〇億円余りの出資を集めた。ところが、実際に分収が始まると、出資者は出資額に見合わぬ少額の分収金しか受領できず、さらには、木材が売れずに契約期間満了後も分収金が得られない出資者（不落）も多数発生する事態となった。

杜撰《ずさん》な制度に国民を巻き込み損害を与えながら、国は、緑のオーナー制度は森林の整備育成という公益目的の制度であるとして、被害者に対してなんらの賠償も行わず、本訴訟に至っても一貫して自らの責任を否定し続けている。

我々弁護団は、このような国に対して、国としての信頼を問うべく訴訟活動を行ってきた。

一審・大阪地方裁判所は、国は元本割れの可能性を出資者に説明すべきであったとの判断を示し、一部の原告については救済を図ったが、国が元本保証はしない旨をパンフレットに記載した平成五年後期以降に出資した原告については、説明義務違反なしとして請求を棄却し、さらに、平成五年前期以前に出資した原告に対しても、契約から二〇年を経過して提訴した者については除斥《じょせき》期間の経過を理由として、分収実施から三年を経過して提訴した者については消滅時効を理由として、それぞれ請求を棄却した。

一審判決は、『緑のオーナー制度』における国の勧誘のあり方についての問題点を端的に指摘し、国に対し説明義務違反を認めた画期的な判断を示しており、国の信義を問うという本件訴訟の趣旨が、一部ではあるが認められたことについては評価してきた。しかしながら、一審判決が認定した説明義務の内容及び範囲は狭きに失するものであり、かつ、多くの原告に対して、形式的に二〇年の除斥期間あるいは三年の短期消滅時効を適用して請求を棄却したことは極めて不当というべきものであった。

緑のオーナー制度で原告らが出資し購入した山林は、いずれも植林して一〇年程度の若年木であり、分収期（伐採期）に至って伐採され分収されるまで二〇年から三〇年もの長い期間を要するものである。それ故、契約期間も長期で、契約時に損害を予期することなど不可能で、分収期に至って初めて具体的な損害が判明するものである。しかるに、一審判決は、このような本制度の特質について何ら思いを致すことなく、形式的に除斥期間、短期消滅時効を適用し、結果として多くの原告らの被害救済を切り捨てるものであった。もちろん、このような欠陥のある制度を作った国が、まさにその制度の被害者である原告らに対し、除斥期間や消滅時効を主張して被害の切り捨てを行うこと自体、国民の信頼を踏みにじるものであって許されるものでないことはいうまでもない。

よって、原告らは、上記一審判決に対し、直ちに大阪高等裁判所に控訴し、一審での原告敗訴部分についての取り消しを求め、原告ら全員の勝訴を勝ち取るべく訴訟活動を行ってきた。

しかるに、本日、大阪高等裁判所第六民事は、平成五年六月三〇日以前の契約については過失相殺を認めず、すなわち出資者に落ち度がなく違法な勧誘であったことをみとめたものの、平成五年七月一日以降の契約について国の説明義務違反を認めず、除斥期間や消滅時効の判断については、原告らの主張になんら応えることなく一審判決と全く同様の判断をしており、極めて不当である。

除斥期間の論点につき、判決要旨では『原告らが除斥期間内に権利を行使しなかったことについて、被告の側に責めるべき事情があり、諸般の事情に照らし、除斥期間の経過を理由に損害賠償請求権を消滅させることが著しく正義公平の理念に反すると認められる特段の事情がある場合には、権利消滅の効果は生じない』としつつも、弁護団が主張する具体的事実に目を向けることもなく、『分収育林制度の運用状況や元本割れリスク等が国会やマスコミにおいて度々取り上げられてきた経緯等』の事実のみで特段の事情を認めない判断をしめした。上記判断は、原告らにとって、あずかり知らぬ事情を取り上げ、特段の事情がないと強弁するものであって、到底受け入れることはできない。

控訴審判決は消滅時効の起算点についても一審判決同様分収時と捉えているが、原告らは国の不法行為により損害を受けたと認識し得ない状況に置かれていたのであり、『損害及び加害者を知った時』を分収時として捉えるのではなく、原告らが弁護団から分収育林契約の問題点について説明を受けた時点と解し、救済されるべきである。

かかる控訴審判決の判断は誤りであり、我々弁護団は、このような結論を断じて受け入れるわけにはいかない。速やかに上告を行い、上告審で控訴審の判断の誤りを正すべく、さらなる訴訟活動を行う所存である。」

以上、「弁護団声明」が述べているように、本件は「林業の素人である都市住民に対して出資を募り、結果、大多数の出資者に多大な損害を与えたことに対し、制度の欠陥を明らかにするとともに、被害は国が募集時に十分な説明を尽くさなかったことにより生じたものであることを指摘し、出資者である控訴人（原告）らに対する損害の塡補を求めた訴訟」であった。その中で、一審・大阪地方裁判所の判決では、「『緑のオーナー制度』における国の勧誘のあり方についての問題点を端的に指摘し、国に対し説明義務違反を認めた画期的な判断」だと評価しながらも、①国の「説明義務の内容および範囲は狭きに失する」、②「二〇年の除斥期間」、③「三年の短期消滅時効」の適用は不当であるとして、さらに最高裁判所への上告を行っているところである。弁護団のこれまでの奮闘と粘り強い活動に心から敬意を表したい。

「緑のオーナー制度」導入の経緯や実態は、前章までに詳しく述べてきたので、本訴訟を起こさざるを得なかった理由や問題点などについては、読者にはすでにご理解いただけたことと思う。

ただ、「分収育林制度」や国有林問題、および「緑のオーナー制度」に古くから関わってきた研究者としては、一審時のことであるが、大阪地方裁判所での被告の主張や判決のなかにみられた見解で、その後、上級審にあっても底流をなしている考え方として、断じて容認できない点があることを指摘しておきたい。それは「緑のオーナー制度」が「理解しやすい単純な仕組み」(国側)という主張であり、これに呼応した一審判決での「基本的な構造ないし原理自体は単純」としていることである。項を改めてこのことに対する筆者の意見を述べておきたい。

3　「分収育林制度は理解しやすい単純な仕組み」との国の主張について

被告の国側は、「本件の分収育林制度は、国民参加の森林づくりの促進等を目的とするものであって、金融取引のような営利を目的とするものではない上、理解しやすい単純な仕組みであり、国と契約者との間には金融商品販売業者と顧客との関係に見られるような情報収集能力及び情報分析能力の格差、専門的知識及び経験の差による依存関係は存在しない。そのため、被告には、分収時の収益予測、山元立木価格の動向、将来の分収額が払込額を下回る可能性があることなどについて説明すべき信義則上の義務はない」（被告第一準備書面、平成二一年一二月一〇日）とまったく厚顔な主張をし続け、「被告に原告ら主張の違法な断定的判断の提供も説明義務違反もなく、被告は損害賠償責任を負わないから、原告らの請求は棄却されるべきである」（一審の最終準備書面、平成二五年四月二六日による）とした。

国はその理由として「国有林野に生育する樹木を対象とする分収育林契約は、（中略）分収木を国と費用負担者の共有とし、費用負担者がその持分の対価ならびに保育及び管理に要する費用の一部を負担し、当該樹木の持分割合により収益を分収するものであり、その仕組みは、理解しやすい単純なものであって、金融商品のように複雑で専門的なものではない」としている。

これは、少なくとも被害を被った費用負担者に対し非礼千万であるだけでなく、文字通り形式的・表面的な言い逃れをしただけに過ぎない。ここで述べられている「分収木の共有」、「費用の一部負担」、「収益の分収」だけなら「理解しやすい単純」なものであることは、言い訳を聞くまでもない。

問題は、長期にわたる契約であり、木材価格の趨勢《すうせい》はどうなるのか、その結果、どの程度のリスクがあるものか、さらにいえば、そもそも一口五〇万円がどのように決められたもので、妥当な金額なのか、などは、林業の（林業経済のといってもよい）専門家でもほとんど理解できないもので（前述の林政審議会委員の発言や二人の東京大学教授の「推薦文」を見よ！）、「理解しやすい単純な仕組み」とは、到底いえるものではない。このことに関連して、国側の「国と申込者との間で情報収集能力や分析能力の格差は特段ない」という主張には唖然《あぜん》とするほかはない。

「分収育林制度を所管する林野庁は、多岐にわたる事務をつかさどっており、（中略）同制度に係る事務はその一部にとどまる。そして、同制度においては、分収時の収益予測を行う仕組みはとられていないことから、林野庁は、分収時の収益予測を行う目的で木材価格の動向等について情報の収集・分析を行うことはないのであって、この点について専門的知識及び経験を蓄積しているという事実はない」というのである。

われわれ研究・教育者、とくに大学で仕事をしたものからすれば、林野庁に就職できる学生は、特別成績優秀なものに限られる。もちろん研究者ではないものの、高度な専門知識を蓄積した行政マンとして育っていくものと信じてきたし、今でもそうだと思っている。その林野庁の言い分として、たとえ分収育林という一分野であろうと、「専門的知識及び経験を蓄積したという事実はない」と言われれば、これほど悲しい、そして、虚しいことはない。林野庁職員からも「それはないよ！」の声が聞こえるようである。

では、そこまでいうのであれば、林野庁に次の二点を聞きたい。第一に、「多岐にわたる事務をつかさどる」ことを理由に、「専門的知識及び経験を蓄積」しないで、今後、多様・多岐にわたる森林・林業政策を「専門的知識」などに基づかないで講じてゆくつもりなのか、また、今まで何の蓄積もなく、無責任な政策ばかりを講じてきたのかということ。第二に、前述した一九八四年四月二四日の参議院農林水産委員会における後藤康夫林野庁次長の「インフレヘッジ論」の答弁は何の根拠もない、その場しのぎの、でまかせに過ぎなかったのか、ということである。

4 一審判決「基本的な構造ないし原理自体は単純」という理解について

判決は「本件分収育林制度は、将来の分収時において、立木が予想どおり成長しているか、立木価格の変動予測が当たるかなどによって結果の有利不利が左右されるものであるところ、その基本的な構造ないし原理自体は単純であり、分収金の総額が払込額を下回ることもあり得ることを理解している費用負担者らにとっては、持分価格の算定過程が妥当であるか否かというような事柄は、その自己責任に属すべきものであるから、被告が、この点に関して説明する義務を負うと解することはできない」としている。前述の国側が「単純」とする理由とは若干異なるが、「単純」とみる点では共通しており、この制度の本質まで理解しない、形式的判断だといわざるをえない。

確かに、「立木の成長」と「立木価格の変動予測」の適否で「結果の有利不利が左右される」という点では「単純」ではあっても、立木の「成長」予想や、「価格予測」の内容は単純ではない。とくに後者は、林業政策と密接に絡んでおり、林業に日頃馴染みがない今回の費用負担者にとっては、「単純」どころか、「複雑」きわまりなく、「専門的知識」を要するものである。それにもかかわらず国側は、少なくとも一九九三年までは「分収金の総額が払込額を下回ることもあり得ること」を何ら説明しなかったばかりか、「インフレヘッジ論」まで持ち出し、費用負担者募集に突っ走ってきた。しかも念のために再確認すれば、費用負担者募集のキャッチフレーズは、情緒的な「夢とロマン」「緑」「ふるさと」などで、価格や「リスク」問題はあえて避けてきたのである。

こうした経緯をしっかり踏まえれば、「単純」だとか、「自己責任」だとか、「説明責任を負わない」などとは決していえないはずである。「社会正義の実現」に努力されている裁判官が、本制度の本質まで踏み込んで適切・公正な判断を下すことを期待したい。また、多くの国民がこの事態を的確に判断されるであろうことを信じたい（この項の文章は、第二審に、私の「参考人意見書」の一部として提出されたものである）。

なお、二審判決は、「弁護団声明」にあったように、限定的（元本割れのリスクの存在が記載されていないパンフレットを見て契約した平成五年六月三〇日以前の契約者等のみ）ではあるが、国の「説明責任」を認めた。また、きわめて渋々ではあるが、国側も農林水産大臣コメントとして、「説明義務違反に関する判決の判断は、最高裁判所に対する上告等の要件である憲法違反や最高裁判所の判例等の違反、法令解釈に関する重要な事項を含まず、上告等の事由に該当しないとの見解に立ち、控訴審判決を受け入れる」（二〇一六年三月一四日）としたことを付言しておこう。

第7章　森林・林業・山村はよみがえるか

第1章で述べたような、二一世紀に入ってから森林・林業・山村をめぐる新たな動きの出現や国民的関心の高まりがみられる一方、第2章以降で詳述してきたように、国の林政の歴史や現実は、外材依存政策と国内林業の軽視（切り捨て）、国有林野事業における国民的公共性とは対立する国家的公共性の重視、そしてきわめつけは、「緑のオーナー制度」の顚末《てんまつ》が示すような「国家的詐欺事件」まで生じさせてきた。しかし、これは戦後ほぼ一貫して政策を担ってきた保守政権の責任に帰するものであって、森林・林業あるいは山村の宿命ではない。

逆に、今、政策の抜本的転換がなされれば、森林・林業・山村は、自然豊かなその特性を発揮し、国民経済の上でも、安心・安全な国土形成の上でも計り知れない貢献を果たすことが可能になろう。そのために私たちは、森林・林業・山村をどのように位置づけ、またどのように行動すればいいのであろうか。以下、著者なりの「再生プラン」を提示し、国民的共通認識や合意形成にお役に立てればと思う。そこで最初に「森林」を取り出し、この役割に関して国民の期待がどのように変化してきているか、という点から考察してみよう。

1　森林に期待する役割の変化

森林が国民に果たしている役割（機能）には、大きく分けると経済的機能と公益的機能とがある。表7―1を参照いただければ、たとえば、一九九九（平成一一）年以降の「森林の役割」に関する項目は「その他」も合わせると、一〇項目に集約されている。

このうち木材生産・林産物生産（きのこ・山菜など）は、木材やきのこなどが商品として市場に出荷されるもので、この生産・加工・流通に関わる担い手に経済的対価がもたらされるものであるから、これを経済的機能と呼ぶことができる。一方、それ以外の温暖化防止（二酸化炭素を吸収することによって）、災害防止、水資源涵養《かんよう》、大気浄化、保健休養、野生動植物（の生息地）などの機能は、森林所有者などの当事者

表 7-1　森林に期待する役割の変化　　（単位：％）

順位＼年	昭和55年（1980）	昭和61年（1986）	平成５年（1993）	平成11年（1999）	平成16年（2004）	平成19年（2007）
1	災害防止（61.5）	災害防止（70.1）	災害防止（64.5）	災害防止（56.3）	災害防止（49.9）	温暖化防止（54.2）
2	木材生産（55.1）	水資源涵養（49.0）	水資源涵養（59.0）	水資源涵養（41.1）	温暖化防止（42.3）	災害防止（48.5）
3	水資源涵養（51.4）	大気浄化・騒音緩和（36.6）	野生動植物（45.4）	温暖化防止（39.1）	水資源涵養（41.6）	水資源涵養（43.8）
4	大気浄化・騒音緩和（37.3）	木材生産（33.1）	大気浄化・騒音緩和（37.9）	大気浄化・騒音緩和（29.9）	大気浄化・騒音緩和（31.3）	大気浄化・騒音緩和（38.8）
5	保健休養（27.2）	保健休養（25.4）	木材生産（27.2）	野生動植物（25.5）	保健休養（26.4）	保健休養（31.8）
6	林産物生産（18.4）	野外教育（20.8）	野外教育（14.0）	野外教育（23.9）	野生動植物（23.1）	野生動植物（22.1）
7	その他（0.3）	林産物生産（12.3）	保健休養（13.6）	保健休養（15.5）	野外教育（18.7）	野外教育（18.0）
8		その他（0.0）	林産物生産（9.7）	林産物生産（14.6）	木材生産（17.5）	木材生産（14.6）
9			その他（0.3）	木材生産（12.9）	林産物生産（14.4）	林産物生産（10.6）
10				その他（0.2）	その他（0.3）	その他（0.2）

資料：総理府・内閣府「森林と生活に関する世論調査」等による。
注１：回答は、選択肢の中から３つを選ぶ複数回答であり、期待する割合の高いものから並べている。
２：選択肢は、特にない、わからないを除き記載している。
３：林産物生産とは、きのこ・山菜などをいう。

に、通常は経済的対価をもたらさず、むしろ都市部の住民をはじめ広く国民に大きな便益をもたらすものであるから、これを公益的機能と呼ぶことができる。一般に使われる「森林の多面的機能（役割）」とは、この両者を合わせたものである。

さて、表7―1は、一九八〇年（木材価格の最高値時）から二〇〇七年までの間に、数年おきに国民の「森林に期待する役割」を質問した国の世論調査の一覧表であるが、森林の経済的機能の大宗《たいそう》を占める「木材生産」に注目いただければ、年度が新しくなるにつれ、国民のいわば「期待率」は著しく低下していることが明らかになる。一九八〇年には期待率五五パーセント、期待率の項目別順位も第二位であったものが、二〇〇七年には期待率一五パーセント、順位は第八位にまで下がっている。他方、災害防止、水資源涵養などは常時上位に位置し、一九九九年から新たに追加された項目「温暖化防止」もいつもトップ三に入っている。

これらは先述のように、いずれも森林の公益的機能に含まれるものである。こうして見てくると、国民の森林に対する期待は、森林の経済的機能から公益的機能へと重点を移してきていると、整理することができよう。この国民の森林に対する国民の期待の変化は、まさに森林・林業の経済的位置の低下や、土砂災害の多発（災害防止）、水の安定供給（水資源涵養）、温暖化防止、都市生活の中でのストレスを森林探索などで解消（保健休養）、減少する野生動植物の保護などの、社会的要請の高まりを反映したものにほかならない。

2　森林の経済的機能及び公益的機能の貨幣評価

ここでは、森林の経済的機能及び公益的機能がどれほどの貨幣額に相当するのか、試算的で大雑把ではあるが、貨幣評価をしてみたい。その意図は、経済的機能として森林所有者などにもたらされる対価が、国民にもたらす公益的機能の貨幣額に比べていかに低いかを認識いただくためである。表7—2は、いくつかの前提のもとで、三〜四年あるいは一〇年以上前に試算されたものであるが、今日でも基本的には同様だと思われる。

まず経済的価値についてであるが、これを、①森林の総資産評価（ストック）、②

年々の供給額（フロー）でみると、①は約九兆円、②は二七〇〇億円／年程度と推定される。つまり、①は、日本の森林二五〇〇万ヘクタールを一気にすべて売り払った場合の立木評価額であり、現実的にはありえない数値である。これに対し、②はその時々の供給量や立木価格によって変わるのは当然であるが、一応の目安として理解いただきたい。

これに対し、公益的機能の価値（多くが環境保全のための貨幣評価に使われているので環境的価値とも表現できる）は、生産物が市場で取り引きされるものではないので、従来は貨幣評価ができなかったものである。この評価法としてはいくつかが開発されているが、森林関係でよく使われているのが、①代替法、②仮想評価法（ＣＶＭ）である。

このうち、代替法は「ある環境サービスをそれと同程度のサービスを提供する財（人工物）の価格で代替して評価する」やりかたである。たとえば、水源涵養機能とは、降雨や雪解け水を森林の樹木や地表、地中に蓄え、水量を平準化しながら下流に流す働きであり、人工物に代替させれば、ダムの建設費や維持費に相当する。こうして森林の水源涵養機能はダム何個分の役割を果たしているかを推計し、はじき出され

表 7-2　森林の経済的価値と公益的（環境的）価値の貨幣評価（試算）

1. 森林の現況

総森林面積　2,500 万 ha（うち人工林 1,000 万 ha、天然林 1,300 万 ha）
総蓄積　35 億㎥（うち人工林 19 億㎥、天然林 16 億㎥）

2. 経済的価値

(1) 資産価値（ストック）約 9 兆円
前提①立木価格（2012 年）1 ㎥あたり
スギ 2,600 円、ヒノキ 6,856 円、マツ 1,464 円
②主伐可能蓄積　23 億㎥
人工林 7 齢級（31 年生）以上　13 億㎥、天然林 11 齢級（51 年生）以上　10 億㎥
③平均立木価格 4,000 円とすると、23 億㎥ ×4,000 円／㎥ = 9.2 兆円

(2) 供給額（フロー）2,700 億円／年
前提①国産材供給量 1,800 万㎥（2012 年）
②丸太（素材）価格（2010 年）1 ㎥あたり
スギ中丸太 11,400 円、ヒノキ中丸太 18,500 円、平均単価 15,000 円とすると
1,800 万㎥ ×15,000 円／㎥ = 2,700 億円

3. 公益的（環境的）価値

(1) 代替法
39 兆円／年（1991 年試算）→75 兆円／年（2000 年試算、1ha あたり 300 万円）
ある環境サービスをそれと同程度のサービスを提供する財の価格で代替して評価。
RCM（Replacement Cost Method）。

75兆円の内訳

水源涵養		27兆1200億円	(108)
うち	降水の貯留	8兆7400億円	(35)
	洪水防止	5兆5700億円	(22)
	水質浄化	12兆8100億円	(51)
土砂流出防止		28兆2600億円	(113)
土砂崩壊防止		8兆4400億円	(34)
保健休養		2兆2500億円	(9)
野生鳥獣保護		3兆7800億円	(15)
大気保全		5兆1400億円	(21)
うち	CO_2吸収	1兆2400億円	(5)
	酸素供給	3兆9000億円	(16)
計		74兆9900億円	(300万円／ha)

長野県106万haの「緑のダム」機能評価額

255万円／ha×106万ha
＝2.7兆円／年
浅川ダム（総事業費400億円）70基分に相当（中止された8ダムの平均事業費は200億円）

出所：林野庁「森林の公益的機能の評価額について」2000年。
なお、2001年の日本学術会議の試算では、70兆円となっている。
注：遺伝子資源の保全など、計算に含まれていない公益的機能もある。

(2) 仮想評価法CVM（Contingent Valuation Method）
支払意思額Willingness to Payによる評価
マダラフクロウ1,800億円、コスト（原生林伐採禁止に伴う業界補償等）1,600億円
純便益200億円、屋久島2,500億円、地球温暖化対策7,800億円など

た数値である。この数値だけで年間約二七兆円相当と推計されている。森林が「緑のダム」といわれる所以である。このような考え方で二〇〇〇年に林野庁が公表した森林の公益的価値は、人工物に置換できるものだけでも約七五兆円の巨額に達する（ちなみに、この額を森林一ヘクタール当たりに換算すれば、約三〇〇万円となる）。

同表の中で、長野県の森林面積一〇六万ヘクタールの「緑のダム」機能評価額を例示している。田中康夫長野県知事時代、私は県の「公共事業評価監視委員会」の委員長（委員には経済学者で文化勲章受章の宇沢弘文東大名誉教授、中国残留孤児問題などを取り上げた直木賞受賞作家・井出孫六氏、弁護士、市長村長など著名な方々一三名で構成）を仰せつかっており、知事が主張した無駄な公共事業の削減、とくにその典型として、建設予定であったダム八基全ての建設中止、を後押しした。具体的には、森林の「緑のダム」機能は、当時建設の可否が大きな争点となっていた「浅川ダム」の建設費約四〇〇億円の七〇基分にも相当する、ということを県民に訴えたのである。こうして全国に先駆けた「脱ダム宣言」は実行されることになった。

しかしその後、知事の交代によって、浅川ダムの建設が復活されたこと、究極の「無駄な公共事業」とでも称すべき「リニア建設」が推進されていることは、環境破壊とともに、将来に取り返しのつかない禍根を残すことが必至で、残念というしかない。

同表の最後に掲げているのは、「仮想評価法」（支払い意思額に基づく評価法）というもので、人工物に代替できない場合に採用されている。実際例としては、アメリカで世論を二分するような議論があったことであるが、「原生林＝マダラフクロウ保護か、林業・林産業保護か」をめぐって、住民に対し「マダラフクロウ（絶滅の危機にある鳥）を守るために、あなたはいくら支払う意思がありますか」と問い、その答えに基づき統計処理をして金額が算出された。それによれば、マダラフクロウ保護のための支払い意思額は一八〇〇億円、原生林伐採禁止による業界補償費などのコストは一六〇〇億円、純便益は差額の二〇〇億円という科学的判断材料が国民に提示され、その結果、原生林の伐採禁止、マダラフクロウの保護が決定された。

アメリカの国際的政策、特に安易な戦争政策・武力至上主義は許しがたいものであるが、国内での環境政策では日本よりもはるかに進んでいるといわなければならない。

以上、概略的ではあるが、森林の経済的機能と公益的（環境的）機能の貨幣評価額に触れてきたのは、この両者の評価額に天と地ほどの格差が存在していることを了解いただきたかったからである。別の言い方をすれば、現実の評価（市場を通じた経済的評価）は、あまりにも過小すぎ、その果たしている全体、すなわち森林の多面的機能の評価がほとんどなされていない、ということである。

いま、安倍政権のもとで、立憲主義が破壊され、平和、国民主権、民主主義、基本的人権が否定されようとしている。立憲主義が「国家権力を縛る」ということは、究極的には国民の「個人の尊重」や「生存権」を守ることであり、「人格権」を尊重することである。

この「人格権」は、二〇一四年五月二一日、福井地方裁判所（樋口英明裁判長）が、関西電力大飯原発三、四号機の運転差止めを命ずる画期的な判決を出した際、「生存を基礎とする人格権が公法、私法を問わず、すべての法分野において、最高の価値を持つ」として使われた言葉で、私は深い感銘を覚え、それ以来、大好きな言葉となっている。

このことを森林・林業・山村の問題に引き移せば、森林や山村の「人格権」、すなわち「尊厳」や「品格」が軽んじられ続けてきた、といわざるをえない。森林の価値にふさわしい、そして古来から引き継がれてきた日本の「木の文化」を守り発展させるに足りる、さらに森林・林業の主要な基地である山村を豊かに育てていくことが可能な、抜本的な予算措置を講じることこそ、最も重要な国民的課題であり、このことに対して、国民的合意は十分得られるのではないだろうか。

3 森林・林業・山村の再生のために

最後に、きわめて不十分だとは承知しつつ、森林・林業・山村再生のための基本的な考え方や施策を箇条書き的ではあるが述べてみたい。

①「木の文化」の継承と「森林の公益的価値」を前提とした森林づくりへの国民的合意形成と予算の大幅増額。国の一般会計予算の一パーセント程度、一〇〇兆円なら一兆円ほどの予算額となる（現状は四〇〇〇億円以下である）。森林の公益的価値の七五兆円に比べれば無理な数値ではないと思われる。

②木材自給率の早期五〇パーセント回復と「国産材時代」の再現。日本の森林全体

（二五〇〇万ヘクタール）の年間成長量は約八〇〇〇万立方メートルである。この分はいわば「利子部分」で毎年伐採しても「元本」に食い込むことはないが、森林の中には保安林や自然公園、幼齢林などで伐採できないものも含まれるので、もし森林の六割分の成長量しか伐採できないとしても、四八〇〇万立方メートルは毎年伐採可能となる。これを森林の「自然的生産力」と呼んでおこう。

一方、現実に供給される国産材は二〇〇〇万立方メートル程度にすぎない。これを森林の「社会的生産力」と呼ぼう。つまり、これまでの森林・林業政策で衰退させられてきた結果、森林の「社会的生産力」は真の実力である「自然的生産力」の半分以下しか実現できていないのである。国産材の公的建築物・公共事業などへの優先的利用や予算的バックアップが行われれば、「自然的生産力」はそのまま「社会的生産力」に転化され、確実に木材自給率五〇パーセント以上の「国産材時代」を再現できるであろう。

③住宅リフォーム制度の拡充。住宅リフォームには、古い住宅に対するだけでなく、耐震化、バリアフリー、省エネルギーなど、各都道府県や市町村で多様な取り組みが行われている。リフォームは建築に関する全ての業種、例えば、大工・工務店、左官、

電気・水道、インテリアなどが関連し、その経済的波及効果はきわめて高いとされている。地元産の木材利用促進と併用されれば、林業振興にもつながる。

④山村・過疎地域の再生に抜本的な予算措置と支援。先にあげた「WOOD JOB!」、『里山資本主義』の世界を一過性のものにせず、若者も、Uターン・Iターンの人も、そして高齢者（光齢者）も、ともに生き続けることが可能な、教育・医療・福祉施設の充実、就業環境の整備等が緊急の課題である。

⑤TPP参加は農林漁業を破滅させる。林産物の関税は、一九六〇年以降の「貿易自由化」のなかで撤廃されつつあり、丸太、チップ、製材品（ベイマツ、ベイツガ）などは、すでに無関税となっている。このことが、「外材インパクト」として国内林業を衰退させ、木材自給率を著しく低下させてきたことは前述の通りである。それでも製材品（トウヒ、モミ、マツ類）四・八パーセント、製材品（カラマツなど）六・〇パーセント、パーティクルボード、繊維板など二・六〜七・九パーセントなどが関税品として残っており、これが全面的に無関税となれば、林業にとっては壊滅的打撃となる。政府が掲げる「木材自給率五〇パーセント以上」とは全く逆行するもので、絶対に容認できないものである。

おわりに

二〇一五年九月の安全保障関連法の成立を前後して、日本の政治史は大きな変動を見せ始めたといえる。私はこのことに対し、「戦争か、平和か」、「個人の尊厳の尊重か、破壊か」、の歴史的岐路に私たちが立っていると感じてきた。それは、一方で「危険が一杯」と感じつつ、他方で「希望が一杯」でワクワクしてもいるという感覚である。七三歳の人生でこんな体験は未だなかったことである。野党と広範な市民が日本で初めて「統一戦線」を組むことができ、日本が変わるかもしれない、変えなければならないという思いを強くだきながら、本著を執筆してきた。

そして、本書を書き終えようとしたときは、まさに二〇一六年夏の参議院選挙のまっただ中であった。不十分とはいえ、野党と市民の共同が大きな歴史的一歩を踏み出したと実感できる結果がもたらされたことで、「希望」の光は見え始めたと思っている。

執筆の直接的なきっかけは、私も関わってきた「緑のオーナー制度」裁判のことを多くの国民に知ってほしかったからである。そこで、出版の依頼を新日本出版社の角田真己氏に相談したところ、「『分収育林制度』や『緑のオーナー制度』の問題に限らず、森林・林業のことは国民的関心も高いので、森林・林業問題全般にわたって書いてほしい」という返事であった。「そのようにしますので、出版をよろしくお願いいたします」とはいったものの、それから約一年、悪戦苦闘が始まった。よく考えてみれば、定年退職から約八年間、住民運動や選挙活動には全力で取り組んできたものの、専門研究からはほとんど遠ざかっていたからである。それでも「昔取った杵柄」で、老体に鞭を打ちながら、なんとか出版にまでこぎつけた。ひとえに角田氏の忍耐強さと的確なアドバイスのおかげである。

また、「緑のオーナー制度」裁判原告団として奮闘された団長の福原哲晃弁護士、事務局で私と何度も連絡を取り合っていただいた中村吉男弁護士・針谷紘一弁護士をはじめ多くの原告代理人の弁護士には、今回の出版の糸口を作っていただくとともに、研究者復活への刺激と貴重な情報をいただき、心より感謝している。

二〇一六年八月

著者

野口俊邦（のぐち　としくに）
1942年　佐賀県生まれ
1965年　九州大学農学部卒業。同大学院博士課程を経て、
（財）林業経済研究所研究員。
1978年　信州大学農学部講師、助教授を経て1988年より教授。現在は信州大学名誉教授。農学博士。
主　著　『日本経済と林業・山村問題』（共著、東京大学出版会）
『転換期の林業山村問題』（共著、新評論）
『戦後日本林業の展開過程』（共著、筑波書房）
『戦後日本の土地問題』（共著、ミネルヴァ書房）
『新国有林論』（共著、大月書店）
『山小屋はいらないのか』（共著、リベルタ出版）
『森と人と環境』（新日本出版社）

森林《しんりん》・林業《りんぎょう》はよみがえるか――「緑《みどり》のオーナー制度《せいど》」裁判《さいばん》から見《み》えるもの

2016年9月15日　初　版

著　者　野　口　俊　邦
発行者　田　所　　稔

郵便番号　151-0051　東京都渋谷区千駄ヶ谷4-25-6
発行所　株式会社　新日本出版社
電話　03（3423）8402（営業）
03（3423）9323（編集）
info@shinnihon-net.co.jp
www.shinnihon-net.co.jp
振替番号　00130-0-13681
印刷・製本　光陽メディア

落丁・乱丁がありましたらおとりかえいたします。

ISBN978-4-406-06057-8　C0036　Printed in Japan